新版 これで失敗しない家庭菜園Q&A

藤田 智 監修

はじめに

東京都町田市にある大学管理の農地では、一般の方々を対象にした家庭菜園教室を開講しており、20代後半の若い方から70代後半の元気な方まで、幅広い世代が畑を耕しています。この講座を始めてから12年ほどが過ぎ、受講生としてだいぶ長い年月がたっている方も数名いらっしゃいます。こうしたベテランの方々は、私が土づくりや種まき、苗の植えつけなどの話しをしてもまったく聞かず、自分勝手に作業を始めます。でも、注意しようにも技術的には上手で、何も言うことがありません。しかし、その後に直面する様々なトラブルや手入れの話しになると態度がガラリと変わります。どんな受講者でも、トマトのわき芽かき・摘芯、ネギやダイコンの土寄せなど、それぞれの野菜の特徴を生かした仕立て方について、熱心に聞いてきますし、キュウリのべと病対策など、必ずといっていいほど起こる野菜の病気や害虫、防鳥対策などについても詳しく聞いてきます。野菜づくりがうまくなるために、みなさん、まだまだ多くのことを知りたいと思っているのです。

こうした熱心な菜園家のみなさんのために製作した、『これで失敗しない家庭菜園Q＆A』を著して、すでに10年がたちました。そこで、今回、新顔野菜や手軽にできる葉物野菜もラインナップに加え、追肥などの栽培プロセス情報も更新して、新版として発刊することにしました。この本には、私が野菜づくりに励んできた40年の経験、またエッセンスが込められています。

これから本格的な野菜づくりシーズンが始まります。本書を活用して、自分なりの野菜づくりをおおいに楽しんでいただきたいと思います。

2017年2月

恵泉女学園大学教授　藤田 智

新版 これで失敗しない家庭菜園Q&A 目次 CONTENTS

根菜類

基礎編Q&A ……157

●土について ……158

●苗や種、肥培管理について ……163

・本書に掲載している化成肥料は、N－P－K＝15－15－15の成分のものです。
・実践編の栽培カレンダーは、関東地方（一般地）での露地栽培を基準にしています。
・本書に掲載している農薬や園芸資材などの情報は2017年2月現在のものです。
・本書に掲載している科名はAPG植物分類体系第3版（2009年）に基づいています。

実践編
Q & A

トマト［ナス科］

早わかり！ 栽培のプロセス

1 植えつけ
黒色のポリマルチを敷いて地温を上げたうえで植えつける。支柱を立てて茎を誘引する。

2 整枝
わき芽をすべて摘み取る1本仕立てにする。

3 人工授粉
花が咲いたら花房を手で振動させて受粉を促す。ホルモン剤の使用も効果的。

4 追肥
植えつけの1か月後から2週間ごとに追肥。

5 摘芯
支柱の高さくらいに伸びたら主枝の先端を切る。

6 収穫
赤く色づいたものから切り取る。

おさえたいポイント

わき芽を取った1本仕立てにして、一番果の着果を確実に

元肥
苦土石灰150g/㎡、堆肥3～4kg/㎡、化成肥料100g/㎡、溶リン50g/㎡

追肥
化成肥料30g/㎡。植えつけの1か月後から2週間に1回

水やり
植えつけ時と極端な乾燥期にたっぷり

連作アドバイス
3～4年はあける。ただし接ぎ木苗なら連作可能

難易度 易 中 **難**

栽培カレンダー

●種まき ○植えつけ ▲間引き+追肥 ■収穫
◆主な病気 ◇主な害虫 △その他

月	1	2	3	4	5	6	7	8	9	10	11	12
作業				○—	—○							
作業					▲—	—	—▲					
作業							■—	—■				
病害虫					◆—	—	—◆	ウイルス病・疫病				
病害虫					◇—	—	—◇	アブラムシ				

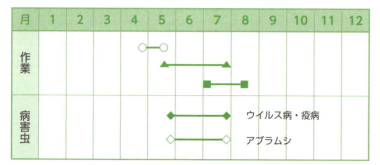

Q1 苗を購入するにあたって、どんなことに気をつければいいですか。

A よい苗とは、①節間（葉と葉の間）が詰まってがっしりとしている、②葉の緑色が濃い、③病害虫に侵されていない、④一番花（初めての花）が咲いているか蕾の状態、⑤根鉢がよく回っている状態（ポットの鉢底穴から白い根が見えることを確認）、⑥双葉がついているものです。よい苗を選ぶことが、よい収穫を生みます。

Q2 仕立て方がわかりません。

A トマトは主枝のみの1本仕立てにするのがふつうです。葉のつけ根から出るわき芽はすべて摘み取ります。はじめのうちはわかりづらいですが、主枝を下から手でたどってみて、葉のつけ根を探します。間違えて葉を摘まないように気をつけてください。

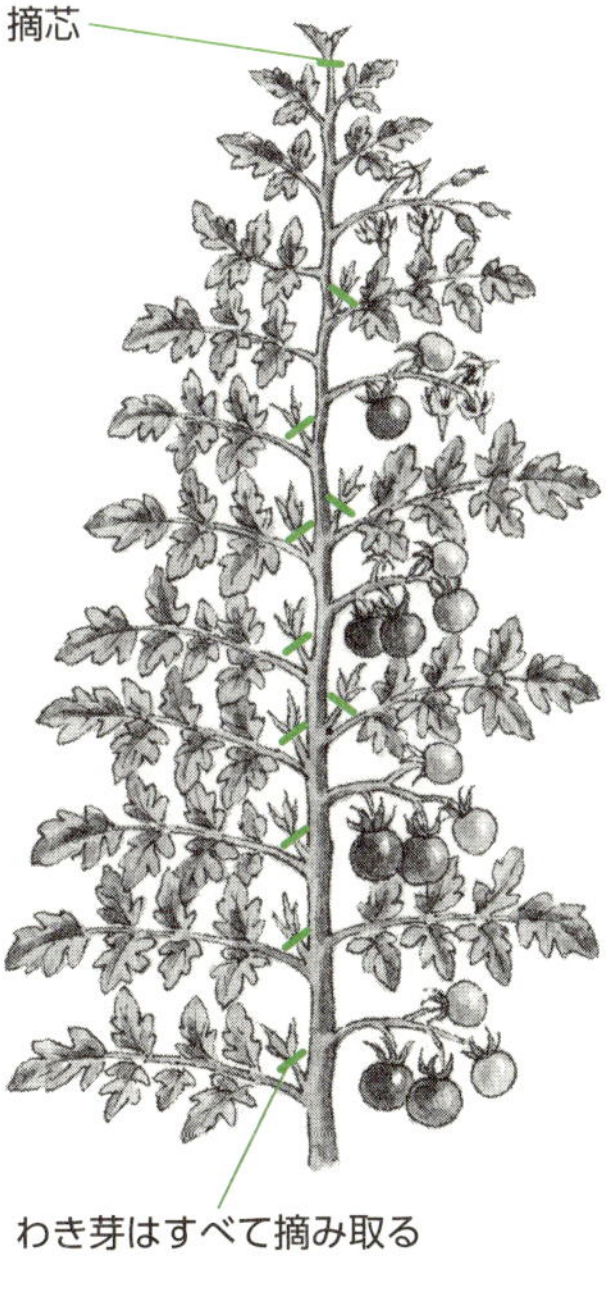

Q3 茎を誘引する場合、ひもをかける場所はどこですか。

A トマトはひもで茎の要所を誘引しなければ株が倒れてしまいます。

ひもをかけるときは、花房のついている場所に注意してください。というのは、花房のすぐ上や下にひもをかけると、風などでひもがずれて花房に当たり、折れたり落ちたりする危険性があるからです。花房に触れる心配のない、花房の上か下の葉のつけ根がベストです。

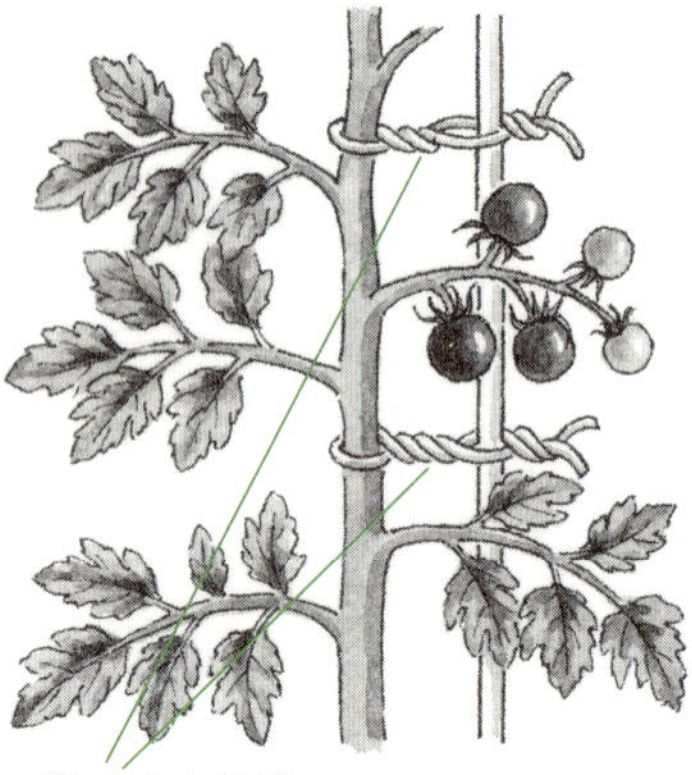

Q4 草丈はどこまで伸ばせばいいのですか。また、何段めくらいまで作れますか。

A 手が届く高さを目安に摘芯しましょう。草丈2mくらいに伸ばした場合、順調に成長すれば6〜7段めくらいまで花房がつき、1株で24〜28個くらいの収穫があります。家庭菜園のレベルでは十分に豊作といえるでしょう。

Q5 花が落ちて、実がつきません。

A これは低温期によくみられる現象です。花が落ちるのは、受精しなかったからです。確実な受精＝着果をめざすなら、人工授粉をしてみましょう。花が咲いた午前中に、花房を手で軽く振動させて受粉させてやります。それでも思わしくないようなら、ホルモン剤のトマトトーンなどを使います。規定の倍率に希釈したホルモン剤を、花房のうちの2〜3花が咲いたときに霧吹きでかけてやります。かけるのは花房1つにつき1回、何度もかけると実が奇形化するおそれがあります。

Q6 草丈は大きくなるのですが、実がつきません。

A 一番果は着果しましたか。トマトは、低温期に咲く一番花が受粉に失敗すると、葉で作った養分がふたたび葉や茎に逆流し、茎葉だけが茂る「蔓ぼけ」現象が起こります。そうなるとさらに実がつきにくくなる悪循環に陥ります。一番果を確実に実らせることが重要なのです。あるいは、元肥に窒素肥料を多く施したということも考えられます。低温が続いて心配なときは、トマトトーンなどを使うとよいでしょう。一番果が着果しなかった場合は、気づいた時点でわき芽1本を伸ばす2本仕立てにして、栄養を分散させるやり方もあります。

Q7 実にへたのところから裂け目ができました。これは病気でしょうか？

A それは病気ではなく生理障害の一つです。へたの部分から同心円状、放射状に筋が入ったり割れたりするのは、裂果といって水分管理の失敗が原因です。果実の実がやわらかくなってきたときに水分が増えると、内部が膨張して果

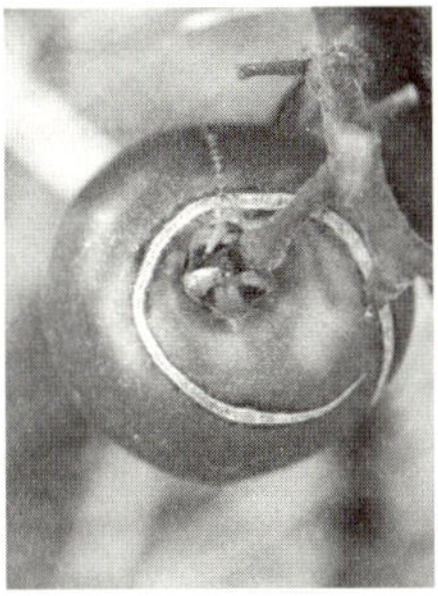

皮が破れることがあります。極端な乾燥と過湿を繰り返さないように注意しながら栽培しましょう。雨よけ栽培も効果的です。

Q8 赤く熟した実の表面にひび割れが入っています。原因は何ですか。

A トマトの果実は、未熟な青い時期は表面の皮がかたく割れることはありませんが、赤く熟してくると果皮がやわらかくなってきます。ここへ雨が降ると、皮が水を吸って内部が膨張してひび割れが生じるのです。

病気や害虫のせいではありません。雨よけ栽培が望ましいケースですね。

Q9 葉にのたくったような白い模様ができました。

A ハモグリバエ類の幼虫の食害した痕です。葉の内部を這い回ってトンネル状に食い荒らし、模様の先端に幼虫やさなぎが潜んでいます。トマトだけでな

く、ナスやキュウリ、マメ類、アブラナ科野菜の多くが被害にあいます。

見つけたら葉を折り取るか、手でつぶすくらいしか対策はありません。葉菜類は寒冷紗などで防ぎますが、果菜類の場合はやむをえない害虫と考えてください。

ハモグリバエの幼虫の食害痕

Q10 果実の先端（お尻の部分）が黒くなります。

A 先端が黒くなるのは、土中の石灰分（カルシウム）の不足による尻腐病という欠乏症（生理障害）です。

原因が病原菌によるものでない場合を生理障害といい、「病」がつきますが、病気ではありません。元肥で苦土石灰をしっかり散布して、よく耕すことが対策の一つです。土が乾燥した場合に起こるときがあるので、水を与えるのも効果があります。

Q11 株を処分する時期を教えてください。

A 秋作の準備の関係上、8月中旬～下旬が望ましいでしょう。または摘芯した最上段のトマトを収穫したとき、病害虫などの被害でこれ以上収穫が見込めないときが一応の目安です。未熟な青いトマトも、サラダやピクルス、漬け物で食べるとおいしいですよ。

Q12 秋にジャガイモを作ったあとにトマトを植えたのですが、うまくできません。

A ジャガイモとトマトは同じナス科同士なので、連作障害が出たのだと思われます。収量と品質の低下、病害虫の発生はありませんでしたか。

連作障害を防ぐポイントは、①輪作、②抵抗性品種の利用、③接ぎ木苗の使用、④健全な土づくりです。〔連作障害については163ページ、Q２も参照してください〕

ナス

【ナス科】

早わかり！ 栽培のプロセス

1 植えつけ

黒色のポリマルチで地温を上げてから植えつける。

2 整枝、支柱立て

主枝と一番花のすぐ下のわき芽2本の3本立てに。支柱を立てて伸びた枝を誘引する。

3 追肥

植えつけの2週間後から、2週間ごとに追肥。

4 収穫

品種ごとの適期で収穫。中長品種では約10～15㎝が目安。

5 秋ナス作り（更新剪定）

秋ナスを作る場合は、3本の枝を3分の2～2分の1くらいまで切り詰めて株を休ませる。適期は7月末～8月上旬、ポリマルチをはがして追肥と敷きわらをして樹勢をたくわえる。

おさえたいポイント

寒さに弱いので、晩霜の心配がなくなってから植えつける

元肥

苦土石灰150g/㎡、堆肥3～4kg/㎡、化成肥料100g/㎡、溶リン50g/㎡

追肥

化成肥料30g/㎡。植えつけの2週間後から2週間に1回

水やり

乾燥に弱いので水やりの効果は高い。とくに夕方、散水栽培で害虫退治

連作アドバイス

3～4年はあける。ただし接ぎ木苗なら連作可能

難易度　易　中　**難**

栽培カレンダー

●種まき　○植えつけ　▲間引き+追肥　■収穫
◆主な病気　◇主な害虫　△その他

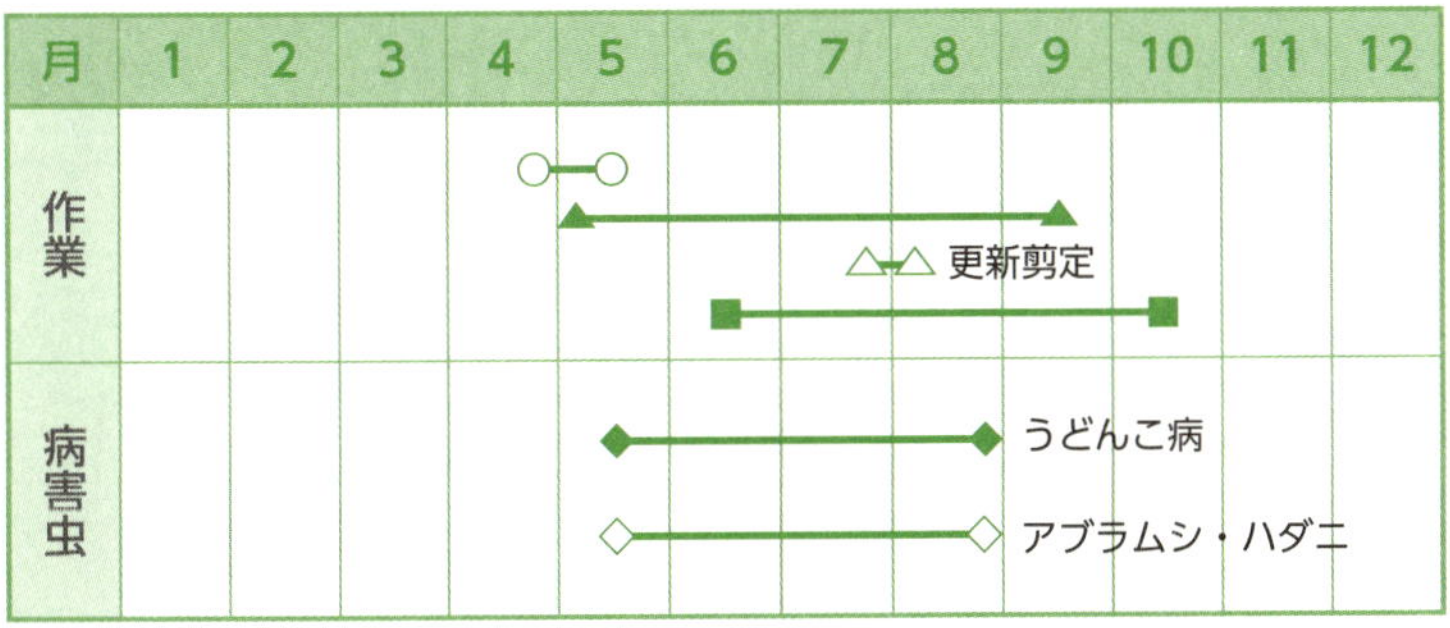

Q1 一番果がかたくて食べられません。

A 開花時の温度不足が原因ではないでしょうか。ナスはインド原産の熱帯性の野菜で、受粉から果実の発育までには20～25℃の温度が必要です。一番花が咲くころはまだ気温が低く、低温障害によって受精せずに果実が肥大する「単為結果」（種なし果）が起こりやすく、果実がかたい石ナスができることがあります。

低温期には、トマトトーンなどのホルモン剤を噴霧すると効果があります。

Q2 花が落ちてしまいます。

A 「ナスの花は千に一つの無駄もなし」といわれますが、かならずしもそうではないんです。とくに葉が茂りすぎて花に日が当たらないと、受精せずに落ちてしまうこともあります。株の成長と収量のバランスを考えると、2本または3本仕立てをおすすめします。整枝をして花に日を当ててやりましょう。

Q3 何回か収穫したのですが、その後は実がつきません。

A ナスは、花を見れば株の成長ぐあいがわかるんです。花の雄しべと雌しべの長さをよく観察してください。雌しべのほうが長く、花の中央にすっくと伸びていれば、株が健全な証拠。花も大きく、色も濃い紫色です。反対に雄しべのほうが長いと、実のなりが悪くなります。肥料切れか水不足、または病害虫の被害で生育が衰えている合図です。

雌しべが長い健全な花（右）と、雄しべが長く生育が衰えている花（左）

Q4 赤いトマトのような実がなりました。

A 赤い実は、接ぎ木苗の台木のヒラナス（アカナス）の実です。連作障害を避けるために、ヒラナスを台木に用いた接ぎ木苗を植えつけたのではないでしょうか。接ぎ木苗の場合、台木のわき芽が伸びて実がなることがあります。伸びてきたわき芽は小さいうちに摘み取りましょう。ヒラナスの葉は穂木のナスとは違うので、見ればすぐにわかります。〔接ぎ木苗については168ページ、Q14も参照してください〕

Q5 皮がかたくてつやの悪い実を割ったら、もう種ができていました。

A 収穫遅れによる、いわゆる「ぼけナス」です。「中長品種の場合、開花から20日前後、長さ10〜15㎝の若い果実を収穫します。収穫最適期の実は照りとつやがあり、割ると白い果肉で種がありません。30日以上たつと果皮につやがなくなり、内部に種ができて調理しにくくなります。適期を守って品質のよいものを収穫しましょう。いつまでも実らせておくと、株が弱る原因にもなります。

Q6 果皮に茶色いかさぶたができました。

A 強風で葉や茎がこすれて傷になったのでしょう。それ以上広がらないので、食べられますよ。

Q7 果実のへたから縦にかすり状の傷があります。

A 最近増えてきたミナミキイロアザミウマの被害でしょう。葉脈に沿って小さな斑点が現れるのが初期の症状。初期であれば薬剤散布で防げますが、実にまで広がると手遅れです。皮をむけば食べられます。

Q8 アブラムシがついて困ります。

A 高温乾燥期になると発生するのがアブラムシやハダニ。葉の汁を吸うので、このまま放置すると葉が黄色くなって弱っていきます。

原産地のインドでは、強いスコールが降り注いで葉を勢いよく洗います。それと同様に、強めのシャワーで葉の裏まで洗い流してみてください（散水栽培）。1回で50%ほど取り除くことができます。これを繰り返して撃退します。あとは捕殺するか、殺虫剤ですね。天然成分で作られた農薬もあるので、上手に利用するのもよいでしょう。

ピーマン（シシトウ トウガラシ）

［ナス科］

早わかり！ 栽培のプロセス

1 植えつけ

生育適温は25～30℃と高めなので、ポリマルチを敷いて地温を上げてから植えつけるとよい。

2 整枝、支柱立て

主枝と一番花のすぐ下のわき芽を2本残して3本に整え、支柱に誘引する。

3 追肥

植えつけの2週間後から2週間に1回追肥をする。

4 収穫

開花から15～20日、長さ6～7㎝くらいで収穫する。

おさえたいポイント

若どりを心がけ、株を消耗させない

元肥

苦土石灰150g/㎡、堆肥3～4㎏/㎡、化成肥料100g/㎡、溶リン50g/㎡

追肥

化成肥料30g/㎡。植えつけの2週間後から2週間に1回

水やり

植えつけ時と乾燥時にたっぷり

連作アドバイス

3～4年はあける

難易度 易 **中** 難

栽培カレンダー

●種まき ○植えつけ ▲間引き+追肥 ■収穫
◆主な病気 ◇主な害虫 △その他

月	1	2	3	4	5	6	7	8	9	10	11	12
作業				○────	──○							
作業					▲────	────	────	────	──▲			
作業						■────	────	────	────	──■		
病害虫					◆────	────	────	────	────	──◆ モザイク病		
病害虫					◇────	────	────	────	────	──◇ アブラムシ・タバコガ		

Q1 整枝はどうすればいいですか。

A 3本仕立てが作りやすいでしょう。一番花のすぐ下のわき芽を2本残し、主枝と合わせて3本にします。それより下のわき芽はすべて摘み取ります。

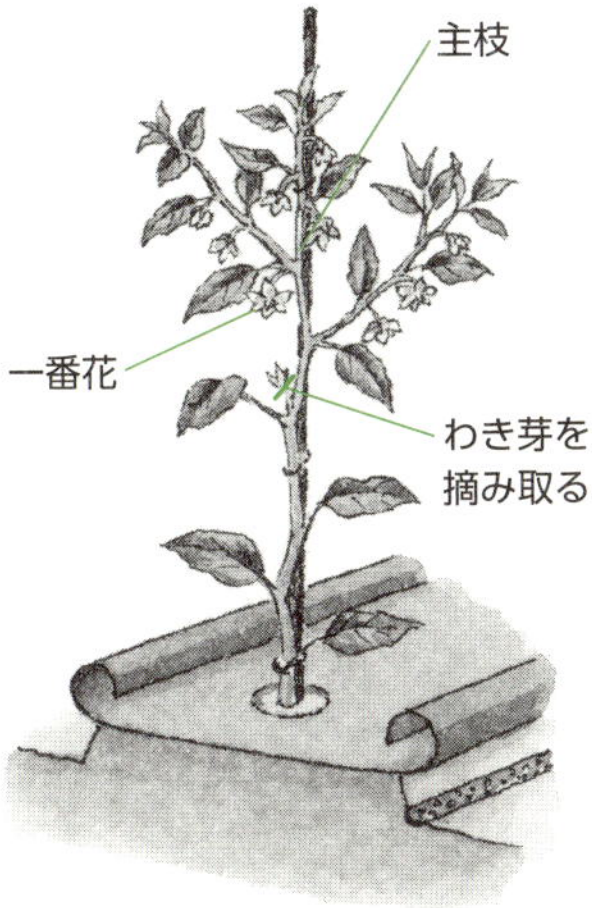

Q2 実が小ぶりのままで大きくなりません。

A さまざまな要因が考えられますね。まずは日照不足、低温や高温などの温度条件の悪化による場合。水分不足や実のつきすぎ、リン酸分の欠乏によっても起こることが知られています。当面の対策としては、葉や枝をすいて日当たりを確保することと、追肥です。

Q3 実が辛くなりました。対策はありますか。

A トウガラシの仲間に含まれる辛み成分はカプサイシンが主体です。カプサイシンは、シシトウやトウガラシなどの小果種ほど、また熟すほどに集積する傾向があります。栄養不足、乾燥など、生育環境が適切でないときも同様です。よく日の当たる場所で栽培し、乾燥には要注意。収穫が始まったら2週間ごとに追肥をします。また、若どりを心がけ、込み合った部分は枝や葉をすいて風通しをよくしましょう。

Q4 果実に穴があいて、中に虫がいました。

A タバコガの幼虫でしょう。夏から秋にかけて発生し、実の内部に入り込んで種を食い荒らします。へた近くに小さな穴があいていたら、中に幼虫がいるとみてよいでしょう。被害にあった実はすぐに切り取ります。

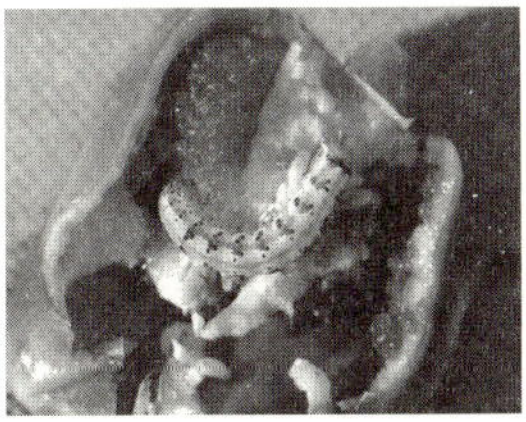
タバコガの幼虫

Q5 ピーマンの実が左右非対称で、一部がへこんでいます。

A 受粉が不完全で、肥大が均等に進まなかったのでしょう。実を輪切りにすると、種の分布が偏り、へこんだ部分には種がほとんどないはずです。原因は極端な暑さ、または寒さです。ピーマン類は果菜類のなかではもっとも高温を好み、25～30℃が生育適温です。35℃以上、15℃以下では実のつきが悪くなります。気温が栽培適温に戻れば症状は治まります。

奇形果であっても、食べる分には問題ありません。

Q6 パプリカがなかなか色づきません。

A 赤や黄色、オレンジ色に色づくパプリカは、開花からおおむね60日以上たった完熟果です。緑色のピーマンが、開花から15～20日で収穫する未熟果なのにたいして、完熟果は3～4倍の時間がかかります。株が消耗するので、定期的な追肥で肥料を補います。緑色が抜けたあとに黒ずんでくることがありますが、品種独自の色に変わる過程なので心配ありません。

9月末～10月ごろになると、気温が低下して熟成がゆっくりになり、80～90日程度かかることもあります。ポリトンネルで覆って保温するか、色づく前の緑色のうちに若どりするとよいでしょう。

Q7 ピーマンの花が落ちます。

A なり疲れでしょう。ピーマンは、花のつき、実のつきがよく、生育状態がよければ次々と実をつけます。しかし、肥料や水分、日照の不足などによって着果のサイクルが崩れると、ピーマン自ら花を落として株の消耗を防ぐのです。

まずは追肥と水やりで様子をみます。次いで、側枝につく勢いのないわき芽や、株の内側に伸びる側枝を切り、日当たりを改善します。

Q8 台風で、ピーマンの枝が折れました。

A ピーマン類の枝は、細く折れやすいので、支柱の立て方を工夫しましょう。主枝と側枝2本の合計

3本に整枝したら、それぞれの枝に添わせるように3本の支柱を立てて誘引します。支柱は土に深さ30cm以上差し込み、株を支えます。

台風の前には、支柱と誘引のひもの締まりぐあいを確認し、果実を若どりして負担を軽くします。

Q9 トウガラシは、いつ収穫すればよいのですか。

A いくつか収穫期があります。

初夏に未熟果を収穫したものが青トウガラシです。さわやかな辛みがあり、刻んでサラダや炒め物に使います。柚子胡椒の材料にもなります。

8月以降になると、実は熟して赤くなります。これが赤トウガラシです。1株の中で熟期に差があるので、赤くなった実を1つずつ摘み取るか、全体の8割程度が色づいたころに株ごと抜き取るとよいでしょう。とり遅れるとしなびてくるので、注意します。すぐに使わないときは、風通しのよいところで乾燥させます。

葉トウガラシを楽しむこともできます。葉トウガラシに向いた品種もありますが、ふつうのトウガラシを使うこともできます。若くてやわらかい葉の先10〜15cmを摘み取ります。ただし、実の収穫が続いているときに葉を摘むと実のつきに影響するので、実の収穫がピークを過ぎたころにとるとよいでしょう。実ほどではないもののピリッとした辛みがあり、炒め物やつくだ煮にするとおいしく食べられます。

Q10 ピーマンとパプリカ、シシトウ、トウガラシの違いは何ですか。

A これらは植物学上は同じ種に属していますが、野菜の分類としては、辛みのある・なしと、果実の大きさによって分けられます。辛みがあるトウガラシは辛味種、それ以外の3種は甘味種です。辛み成分のカプサイシンは、トウガラシ以外の3種は含みません。
大きさで分けると、パプリカ（カラーピーマン）は大果種、ピーマンは中果種、シシトウとトウガラシは小果種です。ちなみに、ピーマンはフランス語でトウガラシを意味するピメントから、パプリカはハンガリー語でトウガラシ全般を指した呼び名です。

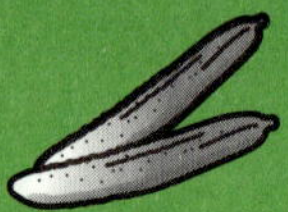

キュウリ【ウリ科】

早わかり！ 栽培のプロセス

1 植えつけ

ポリマルチを敷いて地温を十分に上げてから植えつける。支柱を立てて茎を誘引する。

2 整枝

下から5節までのわき芽を摘み取る。

3 追肥

植えつけの2週間後から2週間に1回追肥をする。

4 収穫

果実の長さが18～20㎝くらいになったら収穫する。

5 摘芯

親蔓が支柱の高さ以上に伸びてきたら摘芯する。

! おさえたいポイント

開花から約7日で収穫期を迎えるので、とり遅れに注意

元肥

苦土石灰150g/㎡、堆肥2～4kg/㎡、化成肥料100g/㎡、溶リン50g/㎡

追肥

化成肥料30g/㎡。植えつけの2週間後から2週間に1回

水やり

浅根性の野菜なので水やりの効果は高い。乾燥期はたっぷり

連作アドバイス

2～3年はあける。ただし接ぎ木苗なら連作可能

難易度 易 **中** 難

栽培カレンダー

●種まき ○植えつけ ▲間引き+追肥 ■収穫
◆主な病気 ◇主な害虫 △その他

月	1	2	3	4	5	6	7	8	9	10	11	12
作業				○―	―○							
					▲―	――	―▲					
						■―	――	―■				
病害虫					◆―	――	―◆	うどんこ病・べと病				
					◇―	――	―◇	ウリハムシ・アブラムシ				

Q1 値段の高い苗を選んで栽培したところ、キュウリだけでなくカボチャの実ができました。どうしてですか。

A 価格の差は、自根苗か接ぎ木苗かの違いです。接ぎ木苗は、ウリ科野菜の代表的な連作障害である蔓割病に強いカボチャを台木にしています。接いだ部分より下から、台木のカボチャの枝葉が伸びて実ができたんですね。

台木から出る芽はこまめに摘み取り、キュウリの成長を促しましょう。［接ぎ木苗については168ページ、Q14も参照してください］

Q2 蔓は放任しておいていいのですか。

A 新蔓が支柱の高さ以上に伸びてきたら、先端を摘芯します。

また、下から5節までのわき芽はすべて摘み取って風通しをよくし、病害虫の防除に努めます。それより上のわき芽は1～2節を残して摘芯するのが基本的な整枝のやり方です。

Q3 巻きひげが伸びて支柱にからまるようになりました。誘引は不要ですか。

A キュウリはほかのウリ科野菜と同様、茎から巻きひげが伸びるタイプで、誘引は必要です。誘引が不要なのは、蔓自体が支柱に巻きつくインゲンのようなタイプです。キュウリは成長速度が速いので、1週間に1回程度の定期的な誘引を。ほかの株にからんで伸びることもあるので、観察を兼ねて蔓の行方をたどってみましょう。病害虫の予兆を知るのにも有効です。

Q4 株が小さいのに実が大きくなり始めました。このままでだいじょうぶですか。

A 最初の果実（一番果）は株を疲れさせないように早どりするのがコツです。キュウリの果実は開花後1週間で18～20cmに成長し、通常は草丈70～80cmくらいのうちに一番果ができます。株が成長しないうちに実を大きくすると、株へのダメージが大きいのです。

一、二番果までは、直径2㎝くらいのうちに収穫しましょう。それ以後は通常の大きさで収穫です。

Q5 葉の表面に白い粉のようなものがつきました。

A うどんこ病でしょう。表面に白い粉を生ずるのは初期症状。カビが原因で、病状が進むと葉が枯れて収量が落ちてきます。気温が上がると発生しやすく、カボチャやメロンなどのウリ科野菜でも同様にみられます。初期のうちに薬剤散布をするしか治療法はありません。安全な成分のものもあるので試してみてください。

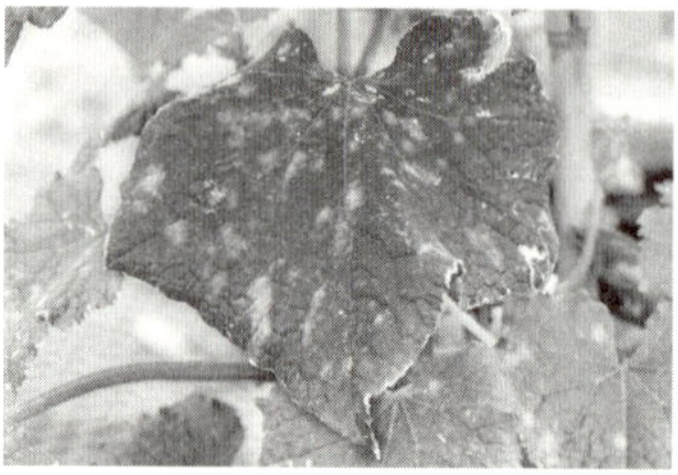

うどんこ病の葉

Q6 葉に褐色の丸い模様がついています。

A ウリハムシの被害でしょう。おもに葉の表を食べて丸い痕を残します。キュウリなどのウリ科野菜によくつきます。体長7～8㎜のオレンジ色の甲虫なので、見つけたら捕殺してください。

Q7 地ぎわの茎の部分が褐色に変わり、縦に割れ目が生じています。株がしおれてきたような気がします。

A 蔓割病の症状です。カビの仲間が原因で、ウリ科野菜を連作すると発病しやすくなります。計画的に輪作すること、やや値段は高めですが蔓割病に抵抗性のある接ぎ木苗を利用することで予防します。

Q8 3月に無加温で苗を育てたら、4月に花だけが咲いて成長が止まってしまいました。

A 最低温度が10℃以下の条件で育てると、キュウリは花だけが発育して成長が止まる現象が起こります。寒くて成長できないので、さっさと花を咲かせて子孫を残そうというキュウリの知恵なんですね。「かんざし苗」といって、低温期の育苗の盲点です。苗づくりには最低温度12～15℃を確保しましょう。［育苗については166ページ、Q10も参照してください］

カボチャ

【ウリ科】

早わかり！ 栽培のプロセス

1 植えつけ

蔓が伸びて広がるので、畝幅90～100㎝、条間200～250㎝くらいの面積を準備して植えつける。ポリマルチを敷いてもよい。

2 整枝

親蔓と子蔓2本の3本仕立てにする。

3 人工授粉

雌花が咲いたら、雄花の花粉をつけて人工的に受粉させる。

4 追肥

一番果がこぶし大になったら追肥を施す。以後2週間おきに追肥して土寄せ。

5 収穫

開花後40～45日で収穫。

おさえたいポイント

収穫後しばらくおいて追熟させると、甘くおいしくなる

元肥

苦土石灰150g/㎡、堆肥3～4kg/㎡、化成肥料50～60g/㎡、溶リン50g/㎡

追肥

化成肥料30g/㎡。1回めは一番果がこぶし大になったころ。以後2週間ごとに追肥

水やり

植えつけ時にたっぷり

連作アドバイス

連作障害はないが、1年はあけたほうがよい

難易度 易 **中** 難

栽培カレンダー

●種まき ○植えつけ ▲間引き+追肥 ■収穫
◆主な病気 ◇主な害虫 △その他

月	1	2	3	4	5	6	7	8	9	10	11	12
作業					○―○	▲―	―▲					
							■―	―■				
病害虫					◆―	―	―	―◆ うどんこ病				
					◇―	―	―	―◇ アブラムシ・ダニ				

Q1 蔓の仕立て方を教えてください。また、充実した実を作るポイントはありますか。

A 通常は、子蔓を3～4本仕立てにします。目標は1株4～8個。確実な着果をめざすなら、人工授粉が有効です。〔人工授粉の手順は33ページ、Q3を参照してください〕

3～4本仕立てにし、それ以外のわき芽は取る

Q2 蔓がよく伸びるのに実ができません。

A いわゆる「蔓ぼけ」でしょう。元肥に窒素分が多いと、茎や蔓ばかりが伸びるのです。蔓ぼけは、実が落ちる原因にもなります。元肥はふつうの半分くらいで十分です。追肥は果実がこぶし大になってから。それまでは多肥は禁物です。

Q3 収穫の目安と保存法を教えてください。

A 西洋カボチャの場合は、開花から約40～50日くらいで収穫します。果梗（果実と茎の境目、いわゆるへたの部分）がコルク状にひび割れてきたら収穫の適期です。また、爪を立てても傷がつかないくらいにかたくなるのも目安になります。収穫してもすぐには食べず、風通しのよい日陰で3～4週間ほどおくと、デンプンが糖化して甘くおいしくなります。

Q4 青果店で買ったカボチャが美味でした。その種をまいてもいいのですか。

A 現在、カボチャの主要品種はF_1品種（一代雑種）で占められています。その種をまいても、親と同じものができる確率は4分の1程度。親と同じものができるとは限りません。どうしても作りたいなら、青果店で品種名を尋ねて、種を求めるのがいいですね（品種名や生産者を教えてくれることもあります）。〔F_1品種については163ページ、Q1も参照してください〕

Q5 ズッキーニを作ったら、葉が大きくなるのでびっくりしました。

A ズッキーニはペポカボチャの一種で、別名、蔓なしカボチャといいます。葉は大型で、蔓が出ないからと狭い場所で作ると、あとがたいへんです。最低1m四方のスペースを用意してください。

Q6 ズッキーニは人工授粉が必要ですか。

A 雨が多い時期や葉が茂りすぎたときに、実がつかないことがあります。雌雄異花のためで、人工授粉をすると実がつくようになります。温度が上がれば、昆虫が花粉を運んでくれます。〔人工授粉については33ページ、Q3も参照してください〕

Q7 ソーメンカボチャの蔓の仕立て方を教えてください。

A ペポカボチャの一種で、ゆでると果肉が細かくほぐれてそうめんのようになるので、この名があります。別名、キンシウリ。比較的草勢が強いので、蔓の処理にはあまり神経質にならなくてもだいじょうぶです。一般的には、子蔓3本の3本仕立てで育てます。この場合は1株で6~8個の収穫を目安にしてください。また、わき芽をすべて取った1本仕立ては、場所をとらないので狭い畑向きです。この場合は1株で4個を目標にします。

ソーメンカボチャの蔓の仕立て方

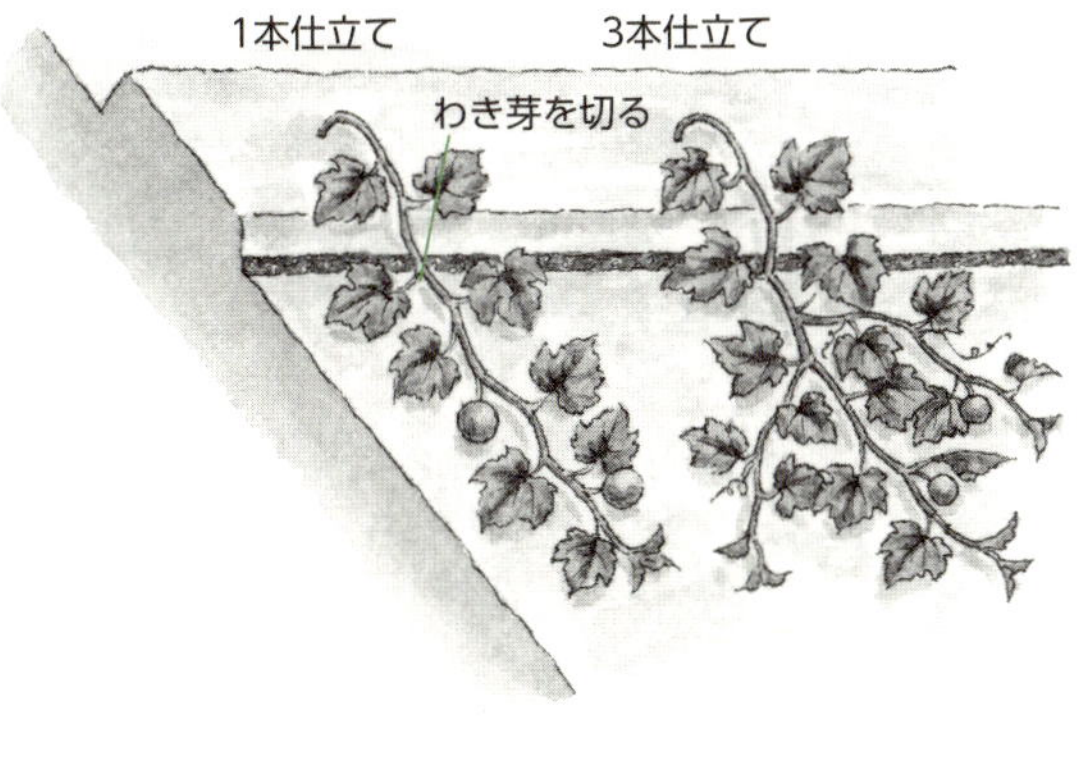

スイカ

［ウリ科］

早わかり！ 栽培のプロセス

1 植えつけ

高温を好むので、植えつけ後、根が活着するまではホットキャップで覆うと生育がよくなる。

2 整枝

本葉5～6枚のころに適芯して、子蔓3～4本仕立てにする。

3 人工授粉

花が咲き始めたら人工授粉を行う。授粉日を記録しておき、収穫の目安とする。

4 追肥、敷きわら

着果後に追肥をして、敷きわらをする。以後2週間おきに追肥して土寄せ。

5 摘果

1株で2～4個程度の収穫を目標に、ほかは摘み取る。

6 収穫

授粉日から35～40日程度で収穫する。

！ おさえたいポイント

人工授粉を行って収穫日を確実につかむ

元肥

苦土石灰150g/㎡、堆肥3～4kg/㎡、化成肥料100g/㎡、溶リン50g/㎡

追肥

化成肥料30g/㎡。1回めは一番果の着果後、以後2週間おきに

水やり

植えつけ時と乾燥時はたっぷり。水やりの効果は高い。

連作アドバイス

2～3年はあける

難易度 易 中 **難**

栽培カレンダー

●種まき ○植えつけ ▲間引き+追肥 ■収穫
◆主な病気 ◇主な害虫 △その他

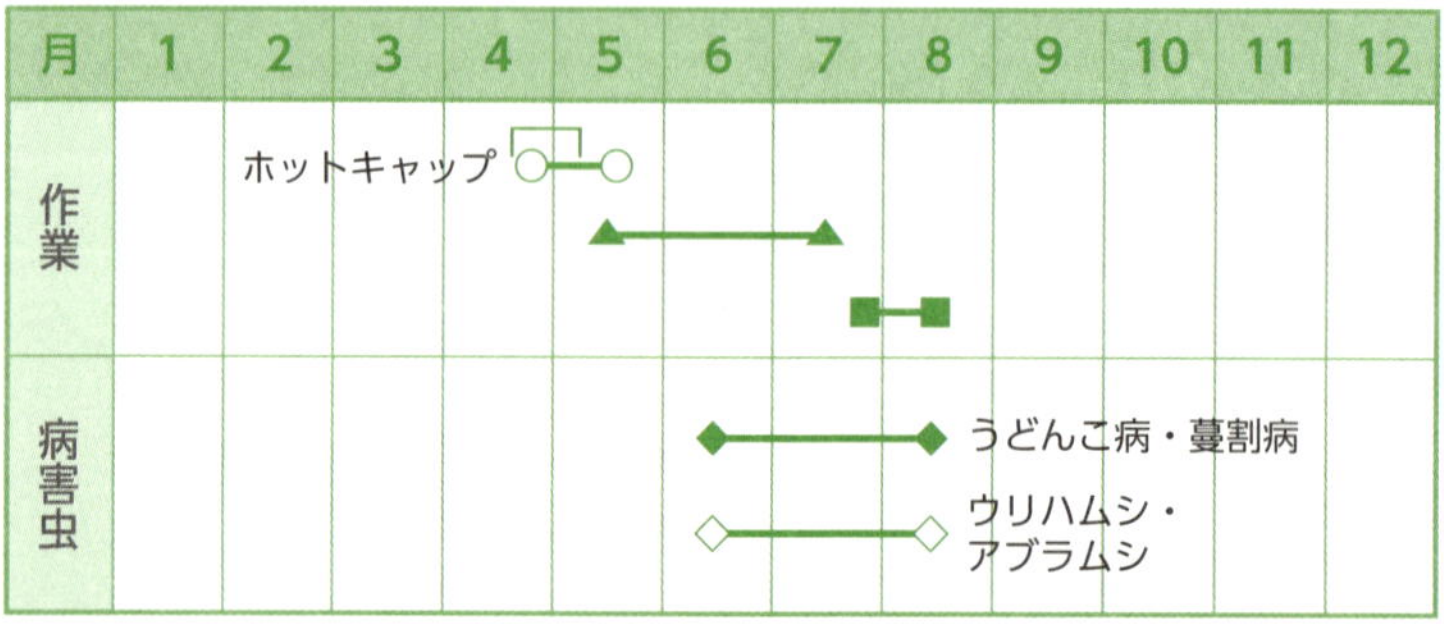

Q1 スイカを作ってみたいのですが、品種選びで気をつけることはありますか。

A 品種は、果実の大きさによって大玉種(5〜8kg)、小玉種(1・5〜3kg)に分かれています。糖度や食味、日もちなどの観点からさまざまな品種がありますが、初めてスイカを栽培するのなら、小玉種がおすすめです。大玉種に比べて断然作りやすく、いちどに食べきれるので利用しやすいと思いますよ。

Q2 1株で何果を目標にすればいいですか。

A スイカやメロンなど甘くなるまで完熟させるものは、摘果して個数を調整しなければおいしいものができません。キュウリやゴーヤーは未熟果のうちに収穫するので、いくらでもとれるんです。スイカの場合は、大玉種で2果、小玉種で4果できれば上出来。株のエネルギーとしてはそれくらいがいいところです。それ以外の果実は、鶏卵大になったところで摘み取ります。

Q3 人工授粉のやり方を教えてください。

A 人工授粉は、確実な着果と授粉日を明確にすることを目的としています。雌花が開花した日の朝9時までに雄花を摘み取り、花びらを取り除いて雄しべの先端を雌しべの先端(柱頭)につけて受粉させます。受粉能力の高い朝のうちに行うことがポイント。授粉日を書いたラベルをつけておくといいですね。

Q4 あと1週間で収穫という矢先、急激にしおれて枯れ始めました。

A スイカやメロンによくある「急激な枯れ上がり」という状態です。甘い果実の生育には、実らせる果実の数と株全体の葉の数が関係しています。この場合は、実の数と葉や蔓のバランスが崩れたことが原因です。

たくさん実をつけさせると、蔓や葉が一生懸命に光合成をして養分をためなければならないのに、それをまかなうだけの葉や蔓の量がないということです。余分な実を摘み取り、子蔓や孫蔓をできるだけ伸ばして、せっせと養分を作ってもらうしかありません。

Q5 果実の底が腐ってしまいました。

A 直接土に触れた部分から黒ずんで腐っていき、そこから害虫や病気が入り込む危険もあります。果実が充実してきたら、敷きわらや発泡スチロールの板を座布団のように敷いて、果実が地面に触れないようにします。

Q6 玉直しは必要ですか。

A 玉直しとは、地面に接している部分は日が当たらず色がつかないため、まんべんなく日に当てるように果実を転がしてやることをいいます。店で売っているもののようなきれいなスイカを作るには必要ですが、成長や味にはなんら影響しないので、玉直しはしなくても差し支えありません。

Q7 大きく育ったので収穫してみたら、甘みがありませんでした。収穫の目安を教えてください。

A スイカは、収穫の適期を見極めるのがとても難しいんです。見た目やたたいた音で判断するというのはあてになりません。

いちばん確実なのは、人工授粉をして授粉日を書いたラベルをつけておくことです。購入した種ならば、開花から収穫までの日数が明記してありますから、それに従ってください。人工授粉をしなくても、雌花の咲いた日をメモしておくだけでも、何もやらないよりましです。

また、積算温度（毎日の平均気温の合計のこと）が大玉種で1000℃、小玉種で850〜900℃程度で完熟状態になるというのを参考に判断することもあります。

メロン【ウリ科】

早わかり！ 栽培のプロセス

1 植えつけ
畝幅、株間とも広くとって植えつける。

2 整枝
雌花は孫蔓につくので、まず親蔓を摘芯して子蔓2～3本に仕立て、子蔓も摘芯して孫蔓を伸ばす。

3 人工授粉
授粉日を記録しておく。

4 追肥
一番果が鶏卵大になったら追肥と土寄せ。2回めは株の様子をみて。

5 摘果
果実がピンポン玉大になったら、子蔓1本につき2～3個の実を残して摘果。

6 水やり
収穫が近づいたら、水やりを控えると甘い果実ができる。

7 収穫
人工授粉から40～50日程度で収穫する。

おさえたいポイント

1株で6～9個の収穫をめざして、ていねいな整枝を

元肥
苦土石灰150g/㎡、堆肥3～4kg/㎡、化成肥料100g/㎡、溶リン50g/㎡

追肥
化成肥料30g/㎡。1回めは一番果が鶏卵大になったころ。株の様子をみて、もう1回

水やり
植えつけ時と乾燥時

連作アドバイス
2～3年はあける。ただし接ぎ木苗なら連作可能

難易度 易 中 **難**

※本書では、プリンスメロンについて取り上げています

栽培カレンダー

●種まき ○植えつけ ▲間引き+追肥 ■収穫
◆主な病気 ◇主な害虫 △その他

月	1	2	3	4	5	6	7	8	9	10	11	12
作業					○○▲――	――――	――▲■―	――■				
病害虫					◆――――	――――	――――	――◆ 蔓割病・べと病				
					◇――――	――――	――――	――◇ ウリハムシ・アブラムシ				

Q1 1株で何個を目標にすればいいですか。

A 蔓を3本仕立てにした場合、蔓1本につき2～3個、1株で6～9個でしょうか。ネット型のメロンに比べれば作りやすいプリンスメロンやマクワウリですが、甘くておいしいものを作るには時間と手間がかかります。

ていねいな整枝と摘果を行い、目標の個数をめざしてください。

Q2 蔓の仕立て方はどうすればいいですか。

A メロンの仕立て方は難しいですが、上手にできれば自信がつきますよ。手順を追って解説します。

①本葉が5～6枚になったら親蔓（主枝）を摘芯します。②子蔓が伸びてきたら、元気のよいもの2～3本を残して、ほかは摘み取ります。③子蔓はそれぞれ葉が15～20枚のところで摘芯します。④子蔓の5～12節までの孫蔓に着果させて、着果したら2枚の葉を残して摘芯します。

雌花は孫蔓につくので、このようなやり方をするのです。

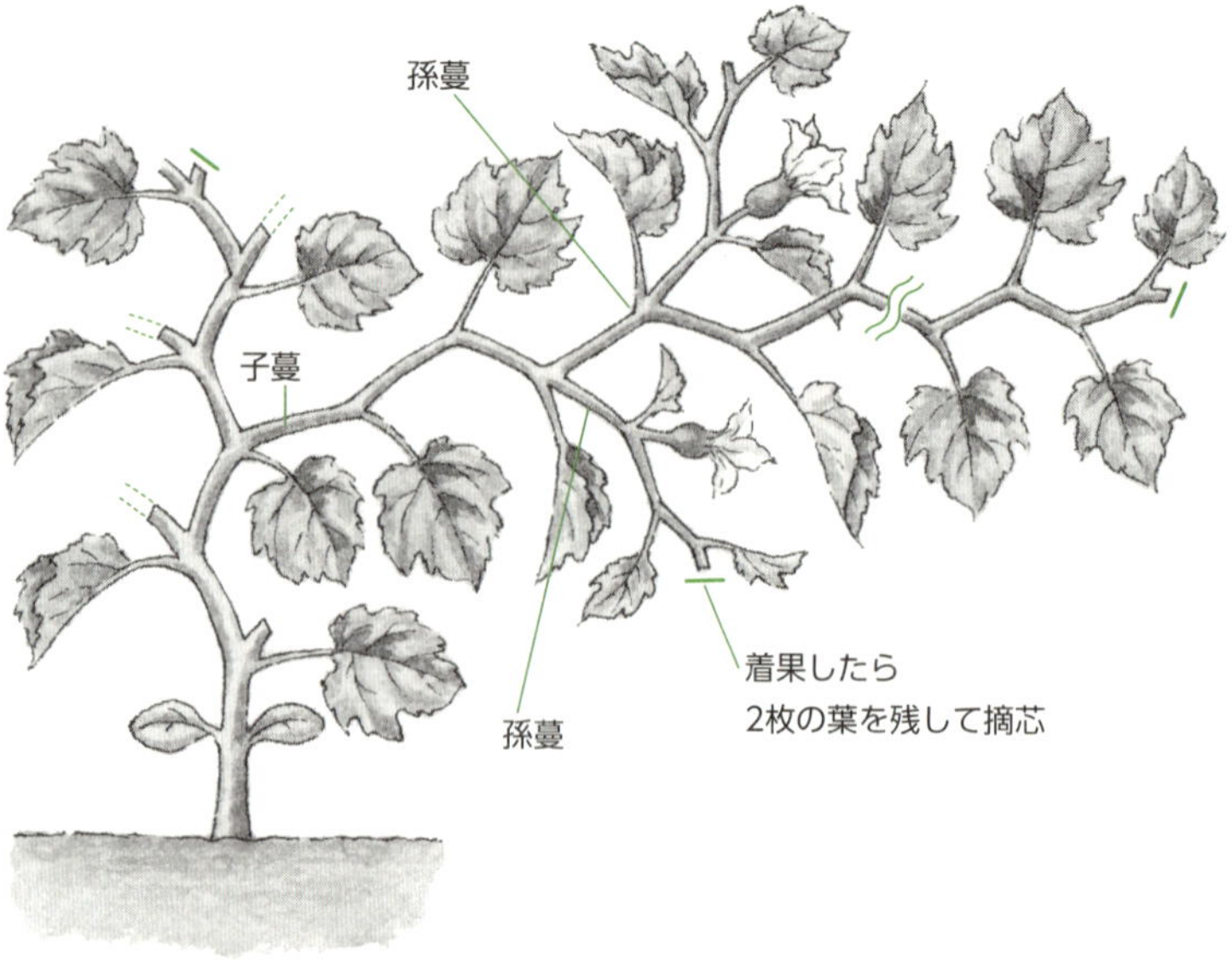

Q3 雨よけ栽培をしたほうがいいですか。

A できれば雨よけ栽培が望ましいですね。雨に当たると病害に感染する確率が高まるうえに、着果も不安定になります。また、果実の肥大期には糖度を上げるために水やりを控えるので、雨に当てずに作れるならそれにこしたことはありません。ビニールトンネルを裾を開けた状態でかぶせて、蔓を伸ばします。

Q4 摘果のタイミングを教えてください。

A 果実がピンポン玉大のときです。開花後7～10日でこの大きさになるので、形の悪い不良果を摘み取ります。

Q5 プリンスメロンがひび割れてきました。

A 収穫遅れです。せっかくここまで育てたのに、もったいないですね。

プリンスメロンは、果梗（果実と茎の境目、いわゆるへたの部分）の毛がなくなり始めて表皮の緑色が灰白色になったころ、果実の表面からメロン特有の甘い香りが漂い始めたころがとりごろです。黄色くなってきたら過熟ぎみです。

開花（人工授粉）の日付をもとに計算する方法もあります。プリンスメロンは40～50日後、マクワウリは35～40日後が、収穫の目安です。

ひび割れたメロン。色や香り、授粉日などから収穫適期を判断する

ゴーヤー【ウリ科】

早わかり！ 栽培のプロセス

1 種まき

ポリマルチを敷いて種を3粒ずつの点まき。ポット育苗も可能。

2 間引き

本葉2～3枚のころに1本間引く。

3 支柱立て

蔓が伸びてきたら、支柱を立てて誘引する。

4 追肥

植えつけの2週間後から、2週間に1回追肥。

5 整枝

わき芽が伸びて日陰ができたり、勢いのない孫蔓になったときは1～2節を残して摘芯する。

6 収穫

品種ごとに適当な大きさになったら収穫する。

おさえたいポイント

蔓や葉が茂るので、適当に枝葉をすいて風通しをよくする

元肥

苦土石灰150g/㎡、堆肥3～4kg/㎡、化成肥料100g/㎡、溶リン50g/㎡

追肥

化成肥料30g/㎡。植えつけの2週間後から2週間に1回

水やり

心配なし

連作アドバイス

2～3年はあける

難易度 易 **中** 難

栽培カレンダー

●種まき ○植えつけ ▲間引き+追肥 ■収穫
◆主な病気 ◇主な害虫 △その他

月	1	2	3	4	5	6	7	8	9	10	11	12
作業			ポット育苗	●—	●○—○		■—	—	—	—■		
			じかまき		●—●		—■	—	—	—■		
					—▲	—	—	—	—▲			
病害虫						心配なし						

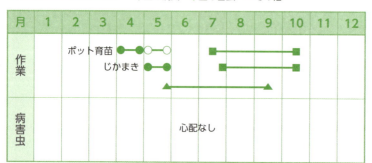

Q1 4月半ばにじかまきしたら、うまく発芽しませんでした。

A ゴーヤーは発芽温度が25～30℃と高温なので、4月中はポットまきにしたほうが賢明です。ポットまきは温度管理がしやすく、暖かいところに置けるので果菜類の育苗におすすめです。じかまきするなら5月になってから。

また、種を一昼夜水に浸してからまくと発芽しやすくなります。ほかのウリ科野菜に比べて発芽までに時間がかかり、10日くらいかかることも知っておいてください。〔果菜類の育苗については166ページ、Q10も参照してください〕

Q2 花は咲くけれど実が大きくなりません。

A ご質問の時期はいつごろでしょうか。雌花がつくのは夏至以降なので、それ以前は雄花ばかりで実がつきません。その前にできるだけ株を大きくしておくことが、雌花の開花ラッシュに備えた対策です。また、夏至以降であるならば、受粉がうまく行われていない可能性があるので、人工授粉をしてやるとよいでしょう。〔人工授粉については33ページ、Q3も参照してください〕

Q3 オレンジ色になったものはもう食べられないんですか。

A ゴーヤーは熟すとオレンジ色になって果実が割れてきます。そのため野菜としての利用には適しません。採種用にしたほうが無難です。

しかし、種のまわりの赤いゼリー状の部分はほの甘く、東南アジアの一部ではおやつとして食べられています。

Q4 プランターで作れますか。

A 深いプランターに植えつければ、比較的容易に作れます。日当たりを好むので、ベランダや軒下に置いて蔓を茂らせれば、夏の日よけになります。支柱やネットを張って、蔓をからませるようにします。

その他のウリ類
【ウリ科】

早わかり！ 栽培のプロセス

1 植えつけ
黒色のポリマルチを敷き、地温を高めてから苗を植えつける。

2 摘芯
本葉7～8枚のときに親蔓を摘芯する。

3 追肥
植えつけの2週間後から2週間おきに追肥。

4 支柱立て、敷きわら
ハヤトウリとナーベラーは、支柱を立てて園芸ネットを張り、蔓を誘引する。ユウガオとトウガンは地ばいで蔓を伸ばし、株の下にわらを敷く。

5 人工授粉
雌花が咲いたら、朝9時までに雄花の花粉をつけて受粉させる。

6 収穫
ナーベラーは長さ20～30㎝、ハヤトウリは長さ10～15㎝、トウガンは開花後45日前後、ユウガオは開花後35日ほどで収穫する。

おさえたいポイント

本葉7～8枚のころに摘芯して子蔓を伸ばす

元肥
苦土石灰100～150g/㎡、堆肥2kg/㎡、化成肥料100g/㎡、溶リン50g/㎡

追肥
化成肥料30g/㎡。植えつけの2週間後から2週間ごと

水やり
土が乾いたらたっぷり

連作アドバイス
2～3年あける

難易度　ハヤトウリ
易（中・難）

トウガン・ユウガオ・ナーベラー
中（易・難）

栽培カレンダー

●種まき　○植えつけ　▲間引き+追肥　■収穫
◆主な病気　◇主な害虫　△その他

月	1	2	3	4	5	6	7	8	9	10	11	12
作業：ナーベラー・トウガン・ハヤトウリ					○─○	▲─	─	─	─▲			
作業：ユウガオ				○─	─○	▲─	─	─▲				
作業：ナーベラー								■─	─	─■		
作業：トウガン・ユウガオ							■─	─	─■			
作業：ハヤトウリ										■─	─■	
病害虫	心配なし											

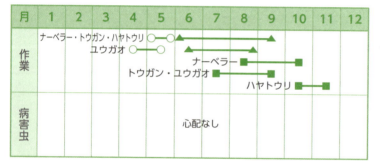

Q1 トウガンを収穫する目安はありますか。

A 果皮に細かい毛（産毛）が生えてきたころが第一のとりごろです。開花後30日程度の未熟果で、果肉はやわらかでさっぱりとした味わいです。日もちしないので、すぐに食べてください。

開花から45日ほどたち、果皮に白い粉（ブルーム）が吹いて完熟したころが第二のとりごろです。完熟果は、冷暗所に置いておけば冬まで保存できます。

Q2 ユウガオの花は夕方に咲くので、人工授粉に通えません。

A 夕暮れ時に活動する昆虫がいるので、自然交配でも十分着果します。また、ときには夕方の畑を訪れるのもよいものです。夕闇の中にぼんやりと浮かぶ白い花は、まさに夕顔の名にふさわしいものです。

Q3 ハヤトウリとナーベラーの花がなかなか咲きません。

A 熱帯原産のハヤトウリは高温短日性植物で、花が咲くのは9月下旬～10月にかけてです。株をしっかり育てるために、花が咲くまで肥料切れさせないよう、定期的な追肥で補います。

また、ナーベラーは雄花と雌花では開花時期が違います。雄花は、蔓の長さが2mほどになる6月中旬ごろから咲きますが、雌花は日が短くなる夏至の前後から咲き始めます。雄花は次々と咲くので、雌花が開花した朝に人工授粉をするとよいでしょう。

Q4 ヘチマ水を採るにはどうすればいいですか。

A ヘチマ水は天然の化粧水です。根元から30～50㎝のところで茎を切り、根からつながっているほうの茎を大型のペットボトルなどに差し込み、一昼夜かけて水を集めます。集めたヘチマ水は煮沸消毒後に利用します。茎を切ると株の寿命は終わります。

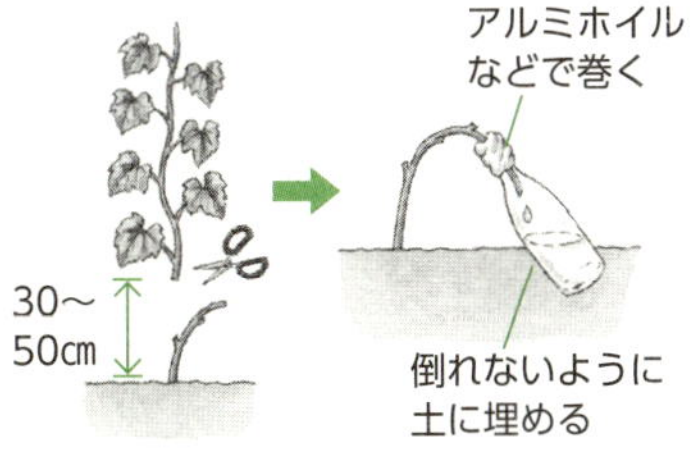

エダマメ

［マメ科］

早わかり！ 栽培のプロセス

1 種まき

化成肥料が少なめの土づくりを。1か所に3粒の種をまいて、鳥よけに不織布をべた掛けする。

2 間引き

本葉（初生葉）が開いたら、不織布を外して2本に間引く。

3 追肥

開花し始めたら追肥と土寄せ。

4 収穫

さやの大部分が充実してきたら収穫する。

おさえたいポイント

開花期のカメムシ類に注意

元肥

苦土石灰100g/㎡、堆肥2kg /㎡、化成肥料50g/㎡

追肥

化成肥料30g/㎡。種まきの3週間後から2週間に1回

水やり

過湿は発芽不良を招くので、水のやりすぎに注意

連作アドバイス

3 ～ 4年はあける

難易度 易 **中** 難

栽培カレンダー

●種まき ○植えつけ ▲間引き+追肥 ■収穫
◆主な病気 ◇主な害虫 △その他

月	1	2	3	4	5	6	7	8	9	10	11	12
作業				●―	―●							
作業					▲―	―▲	■―	―■				
病害虫					◇―	―	―	―◇	アブラムシ・カメムシ類			

Q1 発芽したばかりの芽がなくなってしまいました。

A 鳥に食べられてしまったようですね。発芽直後の双葉はやわらかく、ハトやカラスの大好物です。不織布や寒冷紗をかけて寄せつけないようにします。本葉（初生葉）が展開してくれれば、だいじょうぶです。

Q2 さやは大きくなるのに、実ができません。

A カメムシの被害でしょう。カメムシは開花直後のさやが小さいうちに、中の実にとがった口を突き刺して養分を吸い取ります。それだけでなく、葉で作られた養分が実に蓄積せず、逆に葉や茎に還流して「蔓ぼけ」の状態になってしまいます。したがって開花期のカメムシの防除が最重要です。寒冷紗をかけて侵入を阻止するか、捕殺します。

Q3 収穫の目安を教えてください。

A 適期が短く、1週間ほどしかありません。さやを押して中の実がはじけるくらいをめどに収穫します。株ごと抜くのが簡単ですが、株の下部から実が充実してきますから、収穫期のさやを一つ一つ選んで摘み取るのも家庭菜園ならではの収穫方法です。

Q4 ダイズ用のマメをエダマメとして食べられますか。また、その逆はできますか。

A どちらもできますよ。ただし、ダイズのなかでも若どりするとおいしい品種がエダマメなので、ダイズとしておいしいかどうかはわかりません。同様に、完熟させておいしいダイズ品種が、エダマメでおいしいかどうかもわからないのです。

Q5 黒エダマメがうまくできません。

A 黒マメや茶マメはどちらかというと中～晩生種で、栽培が難しいのです。ポイントの一つは種まきの時期。早すぎず遅すぎず、種袋にある時期を守ります。また、多肥による蔓ぼけで実入りが悪くなります。最近は、早生種や中早生種ができて作りやすくなったので、品種を選んで栽培してみてください。

インゲン
［マメ科］

早わかり！ 栽培のプロセス

1 種まき

1か所3粒の種をまき、寒冷紗やべた掛けなどで覆って鳥害を防ぐ。じかまき、ポットまきのどちらも可能。

2 間引き、追肥

本葉（初生葉）が完全に開いたら鳥害の心配はない。1か所2本に間引いて追肥と土寄せをする。以後2週間に1回、追肥と土寄せをする。

3 支柱立て

蔓あり品種は、支柱を立てる。要所を誘引すれば、あとは支柱に巻きついて成長する。

4 収穫

開花から10～15日で収穫。

おさえたいポイント

マメのふくらみがめだたないうちに若どりする

元肥

苦土石灰100g/㎡、追肥2kg /㎡、化成肥料50g/㎡

追肥

化成肥料30g/㎡。1回めは2本に間引いたとき、以後2週間に1回

水やり

乾いたらたっぷりと

連作アドバイス

2～3年はあける

難易度 易 **中** 難

栽培カレンダー

●種まき ○植えつけ ▲間引き+追肥 ■収穫
◆主な病気 ◇主な害虫 △その他

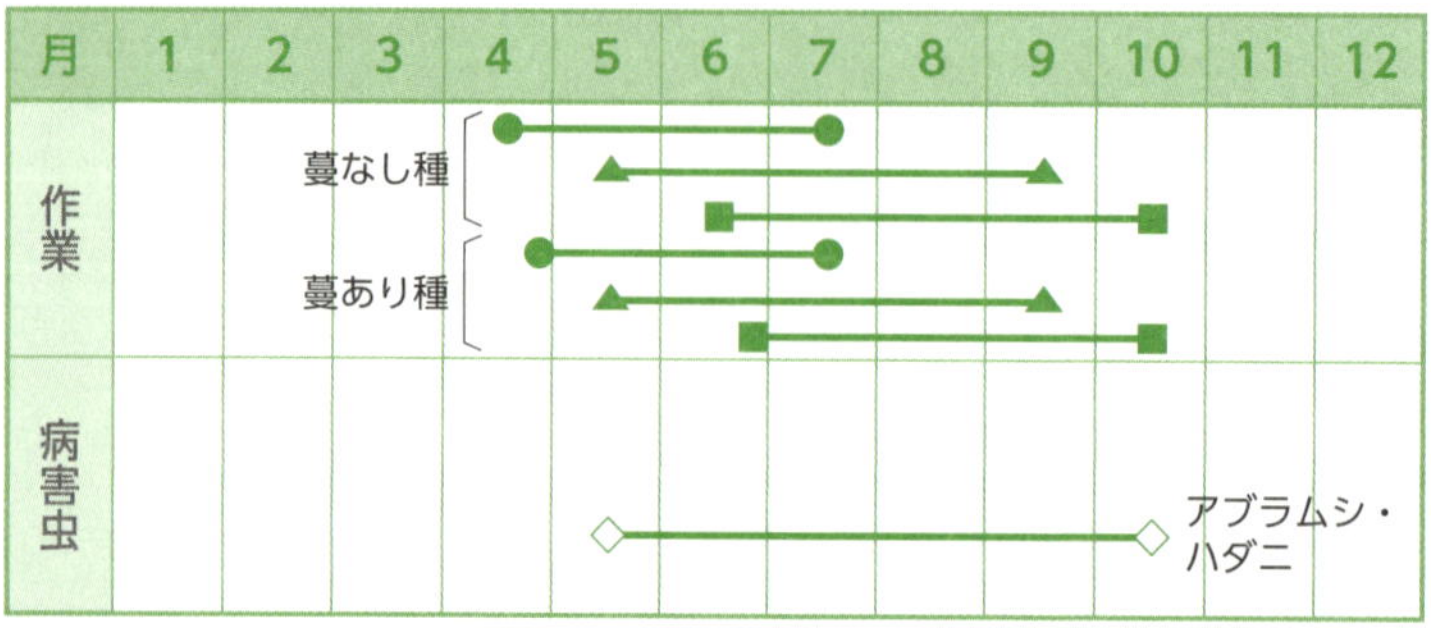

Q1 蔓のあるものとないものがありますが、どのように使い分ければいいのですか。

A まず草丈が違います。蔓ありの品種（蔓性種）は、草丈2～3ｍに伸びるので支柱を立てる必要があります。一方、蔓なし品種（矮性種）は草丈40～50㎝、支柱は不要です。次に、栽培期間が違います。蔓性種は、長期間にわたって安定した収穫が望めます。矮性種は60～70日と短く、一気に収穫のピークを迎え、株の衰えも早いのが特徴です。

また、どちらかといえば、蔓性種は広い畑向き、矮性種は狭い畑向きともいえます。両者の特性を知ったうえで使い分けをしてください。

Q2 花が落ちてしまいました。

A 7～8月に起きたのなら、夏の暑さや梅雨時の高温多湿で根が傷んで、生育不良になったのが原因です。水はけをよくしたり、乾燥しすぎないようにマルチングをしましょう。

Q3 十六ササゲの作り方を教えてください。

A 十六ササゲは、さやの長さが30㎝にもなります。作り方は蔓ありのインゲンと同じです。若いさやを食べるマメにはほかに、フジマメ、シカクマメなどがあり、栽培の基本は同じです。

Q4 全体にアブラムシがつきました。対策はありますか。

A インゲンにとって最悪の害虫はアブラムシとハダニです。株全体に大きな被害を与えます。初期のうちは手でつぶしたり、散水シャワーで洗い流すのも有効ですが、被害が広がってきたら薬剤散布が確実です。アブラムシには還元水あめの成分を使った「あめんこ」（アース製薬）、ハダニには天然物（ヤシ油）由来の有効成分を使った「アーリーセーフ」（住友化学園芸）が安全に使えておすすめです。

ラッカセイ

【マメ科】

早わかり！ 栽培のプロセス

1 種まき

種は1か所3粒まき。乾燥防止と鳥よけに、不織布をべた掛けするとよい。じかまき、ポットまきのどちらも可能。

2 間引き

本葉が2～3枚のころに不織布を外して、2本に間引く。

3 追肥

種まきの3週間後から追肥を開始し、以後1か月に1～2回の追肥をして、株元にしっかり土寄せする。とくに子房柄が地中にもぐり込み始めたときの土寄せは重要。土を耕すのではなく、表面の土を株元に寄せ上げるように。

4 収穫

葉が黄色くなってきたら、かならず試し掘りをしたのち収穫する。

おさえたいポイント

子房柄をもぐり込みやすくするために、土をやわらかくしておく

元肥

苦土石灰150g/㎡、堆肥2kg/㎡、化成肥料50g/㎡

追肥

化成肥料30g/㎡。種まきの3週間後から月1～2回

水やり

種まき時と開花時、子房柄のもぐり込み時にたっぷり

連作アドバイス

2～3年はあける

難易度 **易** 中 難

栽培カレンダー

●種まき　○植えつけ　▲間引き+追肥　■収穫
◆主な病気　◇主な害虫　△その他

月	1	2	3	4	5	6	7	8	9	10	11	12
作業（ポットまき）				●──	──● ○──	──○						
作業（じかまき）					●──● ▲──	──────	──────	──▲	■──	──■		
病害虫						◇──	──────	──────	──────	──◇ カメムシ類・アブラムシ		

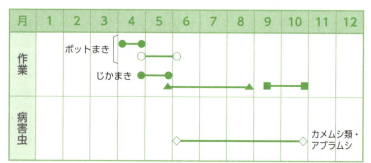

Q1 ポリマルチはいつはがせばよいですか。

A ラッカセイは、花が終わったあとに花のつけ根にある子房柄が土中にもぐってさやができます。ポリマルチが敷いてあるともぐり込みに失敗することもあるので、花が咲き始めるころにマルチをはがします。

そのころには株が広がって、除草の心配もありません。自然に解けてしまう生分解性マルチを使うのもおすすめです。でも、マルチなしでも十分に栽培できますよ。

Q2 実のつきがよくありません。何が原因ですか。

A 子房柄がもぐり込みやすいように土をやわらかくしておくことが肝心です。花が咲き始めたころに、周囲の土をやわらかく耕して株元に土寄せします。土寄せの遅れによって収量が2～3割は減少することもあります。土寄せがラッカセイ栽培の重要なポイントです。

ただし、子房柄がもぐり込み始めたら中耕は禁止。子房柄が切れたり、成長しなくなります。

表面の土をやさしく寄せ集め、株元に土寄せします。

子房柄がもぐり始めるころ

Q3 収穫の目安を教えてください。

A 葉が黄色くなってきたらそろそろ収穫です。かならず試し掘りをしてください。さやの大半が大きく、網目がくっきりしていたら収穫ＯＫです。

ただし、実が充実しすぎると、引き抜いたときに子房柄が切れてさやが土中に残ってしまうので、早すぎず、遅すぎず収穫の適期を守ることがたいせつです。

まだ収穫には早いさや

エンドウ

【マメ科】

早わかり！ 栽培のプロセス

1 種まき

1鉢3粒のポットまき。

2 間引き、植えつけ

2本に間引いて植えつける。

3 防寒対策

寒冷紗をトンネル状にかける。

4 追肥①

植えつけの1か月後に追肥と土寄せ。

5 支柱立て

春先に寒冷紗を外して支柱を立て、ひもやネットを張って蔓を誘引する。

6 追肥②

2月下旬と3月中旬に追肥、土寄せ。

7 収穫

サヤエンドウは、中のマメがめだち始めたら、スナップエンドウはさやが太ってきたら、グリーンピースは中のマメが丸く太ってきたら収穫する。

おさえたいポイント

元気に冬越しさせるために、種まきの適期を守る

元肥

苦土石灰150g/㎡、堆肥2kg /㎡、化成肥料50g/㎡

追肥

化成肥料30g/㎡。植えつけの1か月後と、2月下旬、3月中旬。収穫が始まったら2週間ごと

水やり

種まきと定植時

連作アドバイス

4～5年はあける

難易度 易 **中** 難

栽培カレンダー

●種まき ○植えつけ ▲間引き+追肥 ■収穫
◆主な病気 ◇主な害虫 △その他

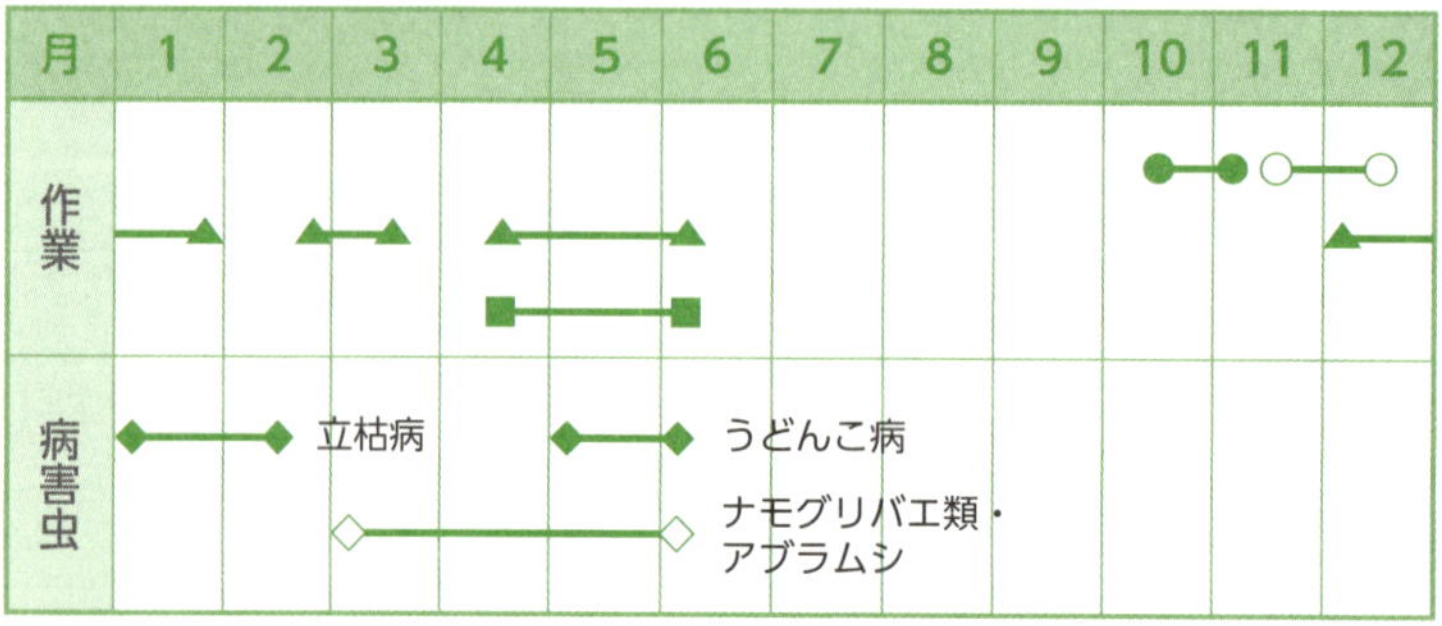

Q1 マメ科野菜はやせ地でもできると聞きますが、どうしてですか。

A マメ科の野菜は、根粒菌を根に寄生させて、菌と共生しています。この菌は植物から養分をもらいながら、空気中の窒素分をマメ科植物に与えているのです。そのため、マメ科野菜は肥料分の少ない土でも窒素分を得て育つことができるのです。よく肥えた土の場合は、元肥、とくに窒素分を控えめに施しましょう。

肥料分が過剰だと、葉ばかりが茂って、実のつきが悪くなる蔓ぼけを起こしやすくなります。

マメ科植物の根粒

Q2 寒さにあたって苗が枯れてしまいました。

A エンドウは低温に強く、若い苗のうちなら氷点下にも耐えるほどです。しかし、年内に大きく育ちすぎると、寒害のため枯れてしまいます。それを防ぐには、種まきの時期を守ることです。一般地では10月中旬〜11月上旬に種をまきましょう。早まきは厳禁です。

Q3 蔓や葉も食べられるんですか。

A エンドウの新芽の蔓先を10㎝ほど摘み取ったものは、中華料理の「トウミョウ」です。さっとゆでていため物や和え物にすると、独特の甘みと香りが楽しめます。トウミョウ用の品種もありますが、さやとり用に作っている株のわき芽を摘み取ることもできます。大株になると葉がかたくなるので、若い株からとるようにします。

芽の伸び始める5月ごろがとりごろです。ただし、あまり摘みすぎるとさややマメの生育に影響するのでほどほどに。

若い株からとるようにする

ソラマメ

［マメ科］

早わかり！ 栽培のプロセス

1 種まき
ポリポットに培養土を入れて、種を2粒まく。

2 植えつけ、間引き
本葉3～4枚になったところで1本立ちにして植えつける。

3 防寒対策
寒冷紗をトンネル状にかける。

4 追肥
2月下旬になったら、月1回追肥と土寄せ。

5 整枝
草丈が40～50㎝になったら、6～7本に整枝する。

6 摘芯、支柱立て
草丈が60～70㎝になったら摘芯し、株の四隅に支柱を立てて、ひもで囲んで株が倒れないようにする。

7 収穫
さやが重みで垂れ下がってきたら収穫。

おさえたいポイント

おはぐろの部分を斜め下に向けて種を浅めに押し込む

元肥
苦土石灰150g/㎡、堆肥2kg /㎡、化成肥料50g/㎡

追肥
化成肥料30g/㎡。2月下旬から1か月おきに

水やり
種まきと定植時

連作アドバイス
4～5年はあける

難易度 易 **中** 難

栽培カレンダー

●種まき ○植えつけ ▲間引き+追肥 ■収穫
◆主な病気 ◇主な害虫 △その他

月	1	2	3	4	5	6	7	8	9	10	11	12
作業										●──	●○──	──○
		▲──	────	────	────	──▲						
					■──	──■						
病害虫				◇──	────	──◇ アブラムシ						

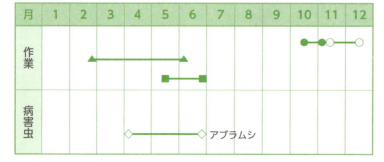

Q1 種まきのポイントは何ですか。

A ソラマメの種には「おはぐろ」と呼ばれる黒い筋があります。ここを斜め下に向けて、種が見えるくらいに浅めに押し込むのがコツです。

Q2 春になったら、枝が込み合って大きく広がってしまいました。どうすればいいですか。

A 寒さで成長が鈍っていた株も、気温の上昇とともに茎葉が伸び始めます。1株から10本以上の芽が伸び出すので、大きいものを6～7本残して整枝しましょう。さらに成長してきたら、周囲に支柱を立ててひもで囲い、株が倒れないようにします。

Q3 収穫の目安を教えてください。

A ソラマメは「空豆」とも書き、若いさやがつんと空を向いていることからついたともいわれています。さやが成熟すると、しだいにマメの重みで垂れ下がってきます。背すじが黒褐色になり、さやを触ってみて大きなマメが確認できたころが収穫時です。

Q4 茎やさやにアブラムシがびっしりとつきました。

A アブラムシは、春先のマメにつく代表的な害虫です。若い成長点やさやに黒々とつきます。見た目が悪く、むろん成長も鈍ります。被害が広がらないうちに、見つけしだい捕殺すること。アブラムシの嫌うキラキラとした反射効果のあるシルバーストライプ入りのポリマルチを利用すると、寄生量が減少します。安全な成分でできた還元水あめの成分を使った「あめんこ」（アース製薬）も有効です。真夏と違って、株を傷めるので散水栽培は不向きです。

トウモロコシ

［イネ科］

早わかり！ 栽培のプロセス

1 種まき

株間を30㎝あけ、種を3粒まいて覆土する。不織布をべた掛けしておくと、発芽までの乾燥防止と鳥害予防になる。

2 間引き①

本葉が見えてきたら、べた掛けを外して2本に間引く。

3 間引き②、追肥①

草丈20 ～ 30㎝くらいになったら1本に間引いて、追肥と土寄せ。

4 追肥②

雄穂（雄花）が出始めたら、2回めの追肥と土寄せ。

5 本数調査

雌穂（雌花）から絹糸（雌しべ）が出始めたら、いちばん上の1本を残してほかはかき取る。

6 収穫

受粉後20 ～ 25日で収穫する。

おさえたいポイント

良品を作るなら1株1本が原則

元肥

苦土石灰100g/㎡、堆肥2kg /㎡、化成肥料100g/㎡

追肥

化成肥料30g/㎡。1本立ちにしたときと出穂期（開花期）の2回。あとは様子をみて

水やり

発芽まではしっかり

連作アドバイス

連作障害はないが、1 ～ 2年はあけたほうがよい

難易度 易 **中** 難

栽培カレンダー

●種まき ○植えつけ ▲間引き+追肥 ■収穫
◆主な病気 ◇主な害虫 △その他

月	1	2	3	4	5	6	7	8	9	10	11	12
作業				●―――	―●							
					▲―――	―――	―▲					
							■―	―■				
病害虫					◇―――	―――	―◇ アワノメイガ・カメムシ類					

Q1 クリーニングクロップって何ですか。

A トウモロコシは吸肥力が強く、過剰に蓄積した土壌養分を吸い取って土壌環境を改善してくれることから、クリーニングクロップ＝「お掃除作物」といわれています。とくに、窒素、カリウム、カルシウム、マグネシウムなどの塩類をたくさん吸収して、おいしい果実を作ってくれるのですから、まさに一石二鳥。基本的に連作障害もないので、ぜひ輪作のサイクルに組み込むことをおすすめします。

Q2 葉のつけ根に粉状のものがあります。

A それはアワノメイガの幼虫が茎にもぐり込んだときにできる食害痕です。茎が倒れやすくなったり、実が被害にあうこともあるので、見つけて捕殺します。

Q3 雄穂が折れて枯れてしまいました。

A これもアワノメイガのしわざです。まず雄穂（雄花）をかじって枯らせてしまいます。次に茎に降りてきて内部に入り込み、さらに雌穂（雌花）を食害して成長します。実がかじられてぼろぼろになることもあるんですよ。雄穂が折れたということはアワノメイガがいるという決定的な証拠です。探して捕殺し、被害が拡大しないようにしてください。

Q4 収穫の目安を教えてください。また、1株で何本収穫できるのですか。

A トウモロコシは収穫の適期が短く、最高に甘くておいしいのは収穫当日だけといわれます。開花から20～25日、絹糸（雌しべ）が褐色になって、枯れ始めたころが目安です。実がぎっしりと詰まったよいものを作るには、1株1本が原則。雌穂は1株から2～3本出てきますが、いちばん上の1本を残してほかはかき取ります。かき取った雌穂はヤングコーンとして食べてください。

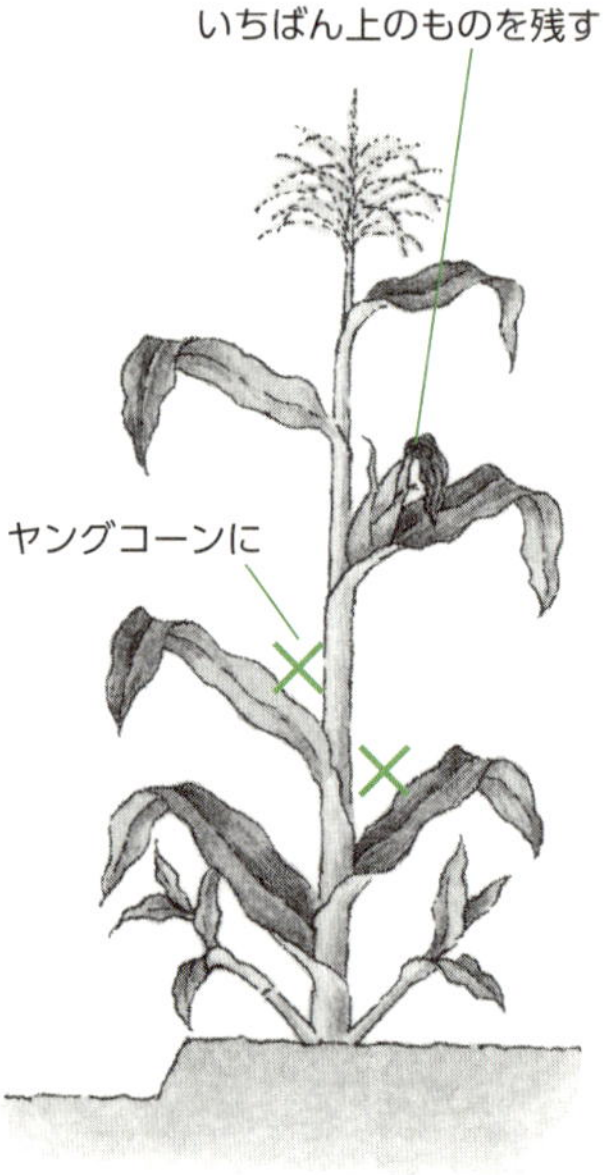

Q5 立派な実ができません。

A 受粉がうまくいかなかったことが考えられます。トウモロコシは他家受粉といって、別の株の花粉で受粉する性質があるので、受粉しやすいように多数の株をかためて植えるようにします。

たとえば、同じ6本を植えるのでも、6本×1列よりも3本×2列にしたほうが受粉の機会が多くなるというわけです。

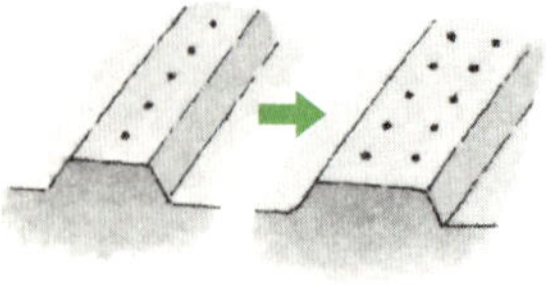

受粉の機会を増やす工夫

Q6 ポップコーンのそばにスイートコーンを植えたら、ポップコーンのようになりました。

A それは「キセニア現象」といって、トウモロコシやイネなどにみられるものです。複数の品種を近くに植えると、花粉が交雑して品種の特性が出なくなることを指します。ポップコーン種のほうが遺伝的に優勢なので、スイートコーン種は陰に隠れてしまったわけです。花粉のかかるような近くに違う品種を植えないことです。

Q7 茎がかさばって処分に困ります。

A 収穫後に地ぎわから刈り取り、ほかの野菜の根元に敷いてマルチ代わりにすれば、乾燥や過湿を抑えられます。また、長ネギの植え溝に入れるのも効果的です。第二の役割が終わったころには、繊維がやわらかくなって処分が楽になります。5~10㎝程度に細かく切って畑に鋤き込めば緑肥になります。ただし、その後1か月ほどはそのまま放置してください。

イチゴ

［バラ科］

早わかり！ 栽培のプロセス

1 植えつけ
ランナーの向きに注意して、クラウンが出るように植えつける。

2 追肥①
2月下旬に追肥を施して生育を促す。

3 マルチング
3月中旬に黒色のポリマルチをかけ、穴をあけて苗を引き出す。ポリマルチを使わない場合は、開花期に敷きわらを。

4 追肥②
3月下旬～4月上旬に追肥。ランナーが伸びてきたら摘み取る。

5 収穫
実が赤く色づいてきたら収穫。

6 苗づくり
収穫が終わったら、ランナーをポットに植え込んで育苗し、苗づくりをする。

！ おさえたいポイント

実が土に触れないようマルチングを

元肥
苦土石灰100g/㎡、堆肥2㎏/㎡、化成肥料100g/㎡、溶リン50g/㎡

追肥
化成肥料30g/㎡。2月下旬と3月下旬～4月上旬の合計2回

水やり
植えつけ時と開花時にしっかり

連作アドバイス
1～2年程度はあける

難易度 中～難

栽培カレンダー

●種まき ○植えつけ ▲間引き+追肥 ■収穫
◆主な病気 ◇主な害虫 △その他

月	1	2	3	4	5	6	7	8	9	10	11	12
作業		▲	▲	▲	■―	―■△―	―	―	―△ 苗づくり	○―	―○	
病害虫					◆―	―◆ うどんこ病・灰色かび病						
				◇―	―	―	―	―	―◇	アブラムシ・ナメクジ		

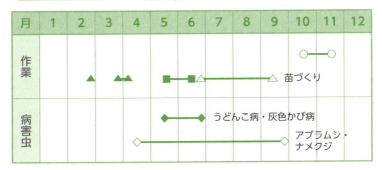

Q1 苗を購入するさいに気をつけるポイントは何ですか。

A クラウンと呼ばれる葉のつけ根のふくらんだ部分が太くしっかりとしたもの、葉色が緑色で光沢があるものがいい苗です。さらに、「ウイルスフリー」という表示がある苗もおすすめです。無菌栽培で育成した幼苗をウイルス病に感染しないように育苗したもので、健全な苗であることのあかしです。

Q2 実のできる向きをそろえるにはどうすればいいですか。

A イチゴの苗には、親株から伸びた蔓（ランナーといいます）の切れ端がかならず残っています。ランナーの反対側に実がなる性質があるので、2条植えの場合はランナーを畝の内側に向けて植えるようにすると、収穫などの作業が楽になります。植えつけ時の注意をもう一つ。成長点のあるクラウンという部分が地面に出るように浅く植えつけるようにします。

Q3 ポリマルチを使わなくても栽培できますか。

A イチゴは寒さに強いので、マルチを敷かなくても栽培できます。ただし、果実が直接土に触れると腐敗するおそれがあるので、開花期からは敷きわらをするようにしましょう。

Q4 ランナーが伸びたらどうすればいいですか。

A 暖かくなると親株から盛んにランナーが伸びてきます。収穫中は、果実を充実させるために摘み取ります。収穫が終わったら、伸びているランナーの部分をポットに受けて、育苗します。

Q5 子株の採り方と育て方を教えてください。

A 子株を採るのは、収穫が終わってからです。培養土を入れた仮鉢にランナーの2節め以降にできた子株を植え込んで、浮き上がらないように重しをして押さえます。１株の親から15～20株もの子株ができますが、１節めの子株は生育が不安定になりやすいのでそのまま放置し、２節め以降のよい株を採るようにします。

植えてから20日くらいたつと、発根して株が安定してきますから、ランナーを切って独立させます。

親株側は２～３cm残して長めにカットします。これで次回植えつけるときに実のつく向きがわかります。

子株は水やりに気を使いながら秋まで育苗し、適期に定植します。

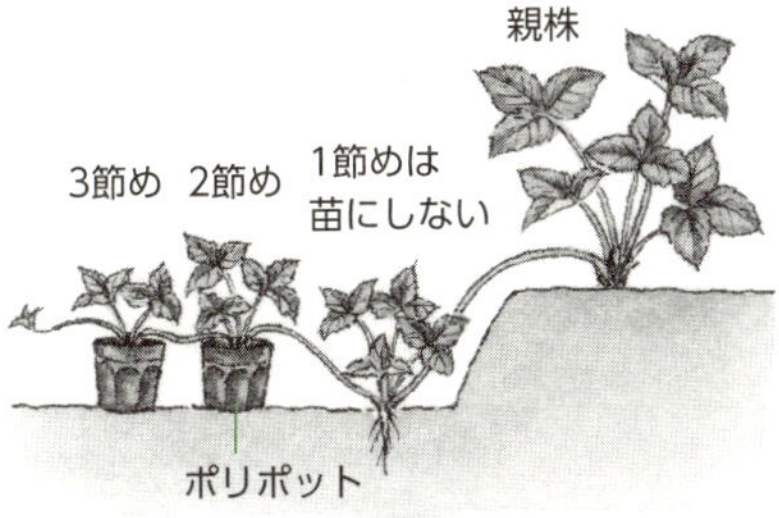

Q6 クリスマスに合わせて収穫できませんか。

A イチゴが受精し、肥大する最低温度は６～７℃といわれており、５℃以下では実がつきません。昼間25℃、夜間に６℃以上を保てば、年内収穫も可能です。この条件を満たすには、室内でコンテナ栽培するしかありません。９月中に植えつけて花を咲かせ、開花後は筆などを使って人工的に受粉を助けてやります。そのうえで日当たりのよい室内で育てます。

Q7 数年間イチゴを作っていますが、収量が落ちました。

A 子株を作って長く楽しめるイチゴですが、子株作りは３～４年を限度に。数年の間に株の勢いがなくなったり、ウイルス病に感染して収量が半減することもあるので、新しい親株を購入したほうがいいですね。

Q8 実にダンゴムシ、ナメクジがついて困ります。

A これらの害虫は湿気の多いところに発生しやすいので、枯れた葉を取り除いて畑をきれいにしておくこと、マルチの上にたまった水を排出することなどに気をつけてください。

オクラ

［アオイ科］

早わかり！ 栽培のプロセス

1 種まき

ポリマルチを敷き、株間を30～50㎝ほどあけて1か所に5～6粒の種をまく。ポットまきも可能。

2 間引き①

本葉1～2枚のころに3本に間引く。

3 間引き②

本葉4～5枚のときに1本にする。

4 追肥

種まきの3週間後から、2週間に1回追肥をする。

5 収穫

さやの長さが7～10㎝になったら収穫する。

6 摘葉

収穫したさやのすぐ下の葉1～2枚を残して、それより下の葉を摘み取る。

おさえたいポイント

一晩水につけてから種をまくと、発芽がよくなる

元肥

苦土石灰100g/㎡、堆肥2kg/㎡、化成肥料100g/㎡、溶リン50g/㎡

追肥

化成肥料30g/㎡。種まきの3週間後から2週間に1回

水やり

種まき時と乾燥時にたっぷり

連作アドバイス

1～2年程度あける

難易度 易 **中** 難

栽培カレンダー

●種まき ○植えつけ ▲間引き+追肥 ■収穫
◆主な病気 ◇主な害虫 △その他

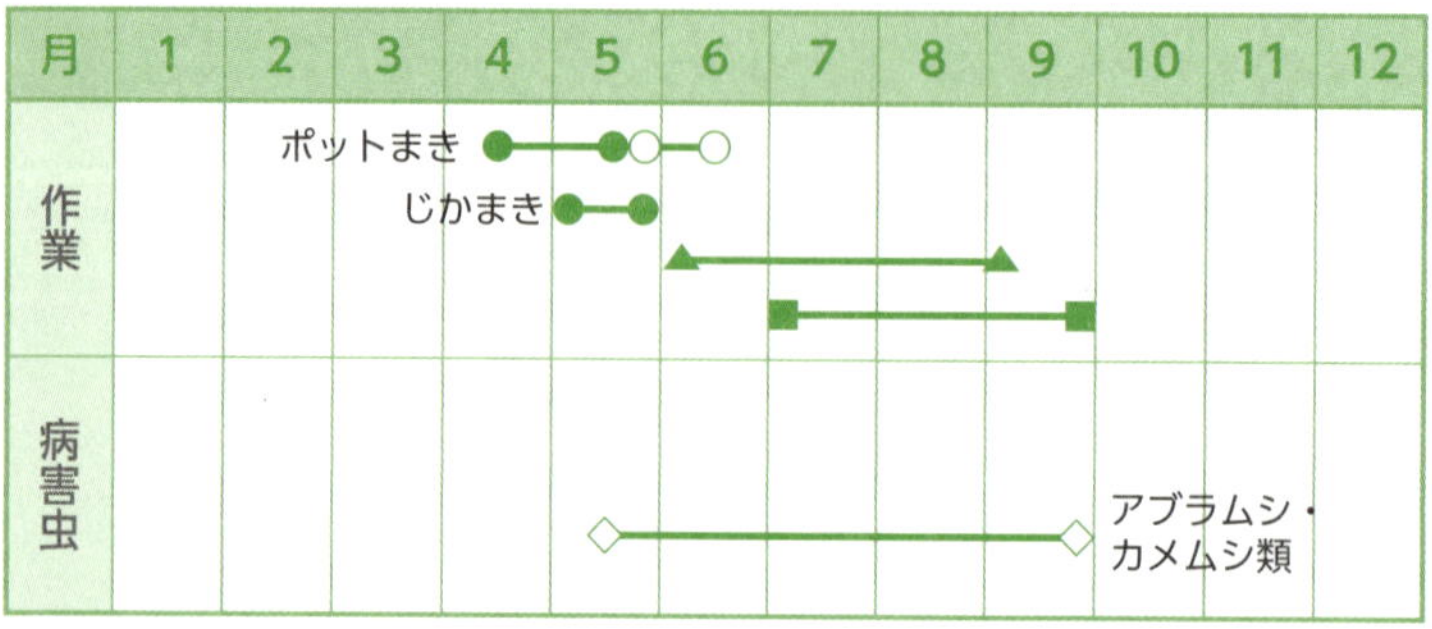

Q1 うまく発芽しません。

A 熱帯性のオクラは発芽適温が25～30℃と高く、10℃以下では生育が停止します。そこで、種まきは十分に気温が上がる5月以降にしましょう。ポット育苗も有効です。また硬実種子といって皮がかたいので、一昼夜水につけてから種まきすると発芽がよくなります。

Q2 なかなか実がつきません。

A 窒素分の過多による蔓ぼけでしょう。オクラは吸肥力が強く、元肥、とくに窒素分が多すぎると、木の勢いばかりよくて実がつかなくなります。土づくりのさいに有機物を多めに施しましょう。

ご質問の場合は、下葉を摘み取って養分を実に回してやります。オクラは葉のつけ根に実がなるので、収穫した節の下1～2葉を残して下の葉をすべて取り除く収穫法をおすすめします。着果と風通しがよくなります。

Q3 曲がった果実しかできません。

A 曲がり果は、草勢が強すぎても弱すぎても発生しやすいといわれています。株全体のバランスが崩れている合図なのでしょう。弱すぎる場合は水やりと追肥で補います。葉が手のひら大に大きくなっていたら強すぎです。この場合は下葉を摘み取るようにします。

もう一つ、カメムシ類による被害の場合もあります。見つけたら捕殺しましょう。

Q4 ちょうどよい大きさの実が収穫できません。

A オクラは1日に約1cmも伸びるので、開花から約1週間後、長さ7cmくらいのものが理想です。週末菜園の場合は、適期を逃してしまうこともあるでしょう。大きくなると種ができてかたくなり、食べられなくなります。株の負担も大きいので、次に畑に来る日を考えて、小さくても早めに収穫しておきましょう。

ゴマ

［ゴマ科］

早わかり！ 栽培のプロセス

1 種まき

株間15～20㎝の点まきで、1か所に5～6粒の種をまく。条まきも可能。

2 間引き①

本葉1～2枚のころに3本に間引く。

3 間引き②

本葉3～4枚のときに2本に間引く。

4 間引き③、追肥①

本葉6～7枚のときに1本立ちにして、追肥と土寄せ。

5 追肥②

開花時に追肥と土寄せ。

6 摘芯

下からさやが実ってきたら、花の咲いている部分を摘み取り、さやを充実させる。

7 収穫

さやが黄色く、2～3果はじけてきたら収穫。根元から刈り取って干す。

! おさえたいポイント

暖かい環境を好むので、種まきは5月中旬～6月中旬に

元肥

苦土石灰100g/㎡、堆肥2kg/㎡、化成肥料100g/㎡

追肥

化成肥料30g/㎡。1本立ちにしたときと開花時に行う

水やり

発芽までしっかり

連作アドバイス

2～3年程度はあける

難易度 易 中 難

栽培カレンダー

●種まき ○植えつけ ▲間引き+追肥 ■収穫
◆主な病気 ◇主な害虫 △その他

月	1	2	3	4	5	6	7	8	9	10	11	12
作業					●▲	●▲	▲		■			
病害虫						心配なし						

Q1 黒ゴマ、白ゴマ、金ゴマの違いは何ですか。

A 色の違いです。同時に品種名でもあります。黒ゴマは収量が多く香り豊か。白ゴマはもっともポピュラーな品種です。

金ゴマは別名、黄ゴマまたは茶ゴマ。種の値段は高めですが、輝くような色はぜひ自家製で楽しみたいものです。

Q2 何を目安に収穫すればいいですか。

A 果実の成熟に時間差があり、下から上に向かって熟してきます。さやが黄色くなって、2～3果はじけたころに刈り取ります。上のほうが開花中でも見切りをつけて上部を摘芯します。下部のさやを充実させたほうが賢明です。収穫のタイミングが遅れると、下のほうの殻がはじけて種がこぼれてしまいます。

2～3果はじけたら収穫の時期

Q3 実の取り出し方と保存法を教えてください。

A 収穫後は数本をまとめて縛り、雨のかからないところに立てかけて1週間ほど乾燥させます。下にシートを敷いておくことを忘れずに。大部分のさやがはじけて種がこぼれるようになったら、棒でたたいて種を落とします。細かいふるいでごみや異物をざっと選り分けたのち、シートの上に広げて乾燥させ、瓶や缶に入れて保存します。

棒でたたいて
落とした種から
異物を取り除き
シートの上に広
げ乾燥させる

ダイコン【アブラナ科】

早わかり！ 栽培のプロセス

1 種まき

堆肥はまた根の原因になりやすいので、前作で堆肥を多く入れた畑では入れなくてもよい。深さ30㎝くらいまでよく耕して、1か所4～5粒の点まきに。

2 間引き①

本葉が1～2枚出たところで3本に間引く。

3 間引き②、追肥①

本葉が3～4枚出たところで2本に間引いて、追肥と土寄せをする。

4 間引き③、追肥②

本葉が5～6枚出たところで1本立ちにして、追肥と土寄せをする。

5 収穫

青首ダイコンの場合、根の直径が6～7㎝程度で収穫。

おさえたいポイント

成功のコツは深耕精耕（深く、よく耕す）

元肥

苦土石灰100g/㎡、堆肥2kg/㎡、化成肥料100g/㎡

追肥

化成肥料30g/㎡。2本に間引いたときと、1本立ちにしたときの合計2回。その後は様子をみて適宜

水やり

種まき時にたっぷりと

連作アドバイス

1～2年程度はあける

難易度 易 **中** 難

栽培カレンダー

●種まき ○植えつけ ▲間引き+追肥 ■収穫
◆主な病気 ◇主な害虫 △その他

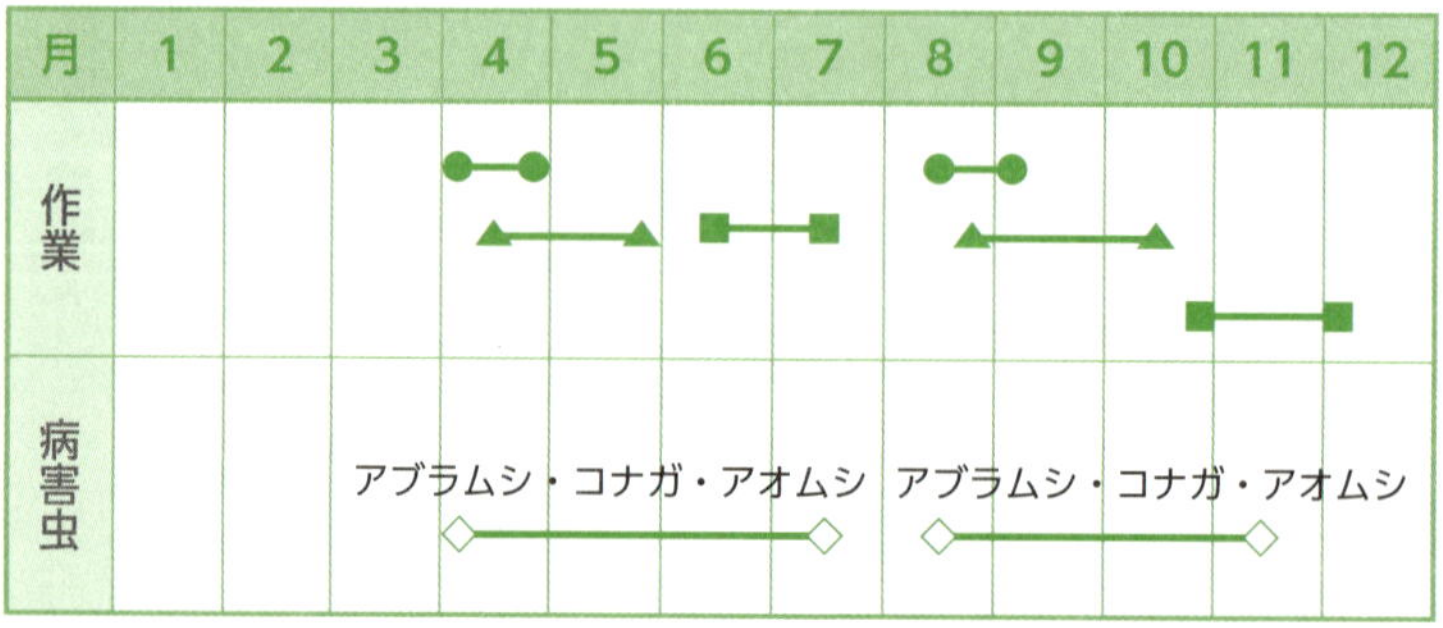

Q1 一年じゅう作れるのでしょうか。

A 品種の分化が進んで、現在ではほぼ一年じゅうダイコンを作れるようになっています。暑さや寒さへの強弱、抽台（とう立ち）のしにくさなどによって分かれています。4月の上～下旬にまくなら、晩抽性（とう立ちが遅い）品種を選びます。5～6月にまいて夏に収穫する作型では、病害虫に強いものを選ぶとよいでしょう。真冬の時期は、晩抽性品種を選んでビニールトンネルで作れます。とはいっても、いちばん作りやすいのは、露地栽培で作る秋まき・冬どりの作型です。種袋の作型を確認して、気に入ったものを作ってみてください。ただし、夏に収穫する作型はあまりおすすめしません。害虫が多く、品質のよいものを作るのはたいへんですよ。

Q2 株の中心が食べられて、芯の部分がありません。

A 被害にあった時期と株の大きさしだいですが、該当する犯人はたくさん考えられます。ダイコンシンクイムシというその名もずばりの害虫が第一容疑者。別名ハイマダラノメイガ。8～9月に発生しやすく、キャベツやブロッコリーなどの苗も被害にあいます。次に疑われるのは、真っ黒なイモムシ、カブラハバチの幼虫です。春と秋に発生し、葉を手で払うと簡単に落ちます。ヨトウムシ、アオムシの容疑も濃厚です。いずれも見つけたら捕殺が原則。寒冷紗をかけて防ぎます。成長点を食べられた被害株は、これ以上大きくならないので、すぐにまき直しましょう。

Q3 立派に太ったダイコンができません。

A 根が太くならない原因の一つには、十分な株間をとっていないことが考えられます。点まきの場合は、30㎝間隔が基本です。あらかじめこの間隔に穴のあいたポリマルチを使うのも便利です。2つめは、適期に適当な数に間引いたかどうかです。種は1か所につき5～6粒をまいて、3回に分けて間引いて1本立ちにしていきます。葉が伸びてくると2株あるのに気づかないこともあるので、よく観察してください。

Q4 根がふたまたになりました。

A 根菜類、とくにダイコンのふたまたの原因は、土づくりのときに十分に耕さなかったからです。「ダイコン十耕」といって、深く耕して土を細かく砕いておくことがたいせつです。まいた種の真下に石や堆肥の塊があると、それに当たって根がふたまたになるのです。また、間引きのときに残す株の根が切れたり、植え直したりすると、根が傷みいびつな形になる傾向があります。

Q5 すが入っていました。収穫の目安を教えてください。

A 青首ダイコンの場合は、地上に出ている根の直径が6～7cmくらいから、聖護院ダイコンは直径13cmからがとりごろです。

すが入るのは収穫遅れです。外葉のつけ根を折り取って切断面を見てください。中央がスポンジのようにスカスカになっていたら、根もす入りしている可能性が高いでしょう。

Q6 地ぎわの根が水浸し状になって腐り始めました。

A 軟腐病の典型的な症状です。細菌性の病気で、腐敗に悪臭が伴います。多湿な環境下で折れた葉や茎などの傷口から菌が侵入して発病します。治療法はないので、被害株はすぐに抜き取って、ほかへ伝染させないこと。軟腐病は発生前の対策が肝心です。水はけが悪い畑、大風や大雨のあと、そして早まきも被害を大きくするといわれています。株はていねいに取り扱い、過湿と風通しに注意して、菌を侵入させないことです。

病気が発生した畑では、水はけをよくするために高畝にします。

ニンジン

［セリ科］

早わかり！ 栽培のプロセス

1 種まき

種まき前にたっぷりと水やりして、種まき後は土を薄くかけて、ふたたび水やり。籾殻や腐葉土をかけるか、不織布をべた掛けするなど、保湿をはかる。

2 間引き①

本葉が1～2枚出たところで3～4㎝間隔に間引いて土寄せする。

3 間引き②

本葉が3～4枚出たところで5～6㎝間隔に間引く。

4 間引き③

本葉が5～6枚出たところで10～12㎝間隔に間引く。

5 追肥

2回めと3回めの間引き後に追肥して土寄せ。以後2週間おきに。

6 収穫

根の直径が4～5㎝になったら収穫。

おさえたいポイント

発芽まで乾燥させない工夫を

元肥

苦土石灰100g/㎡、堆肥2kg/㎡、化成肥料100g/㎡、溶リン50g/㎡

追肥

化成肥料30g/㎡。2回めと3回めの間引き後。以後2週間おきに

水やり

発芽までは毎日の水やりを欠かさない

連作アドバイス

1～2年はあける

難易度 易 **中** 難

栽培カレンダー

●種まき ○植えつけ ▲間引き+追肥 ■収穫
◆主な病気 ◇主な害虫 △その他

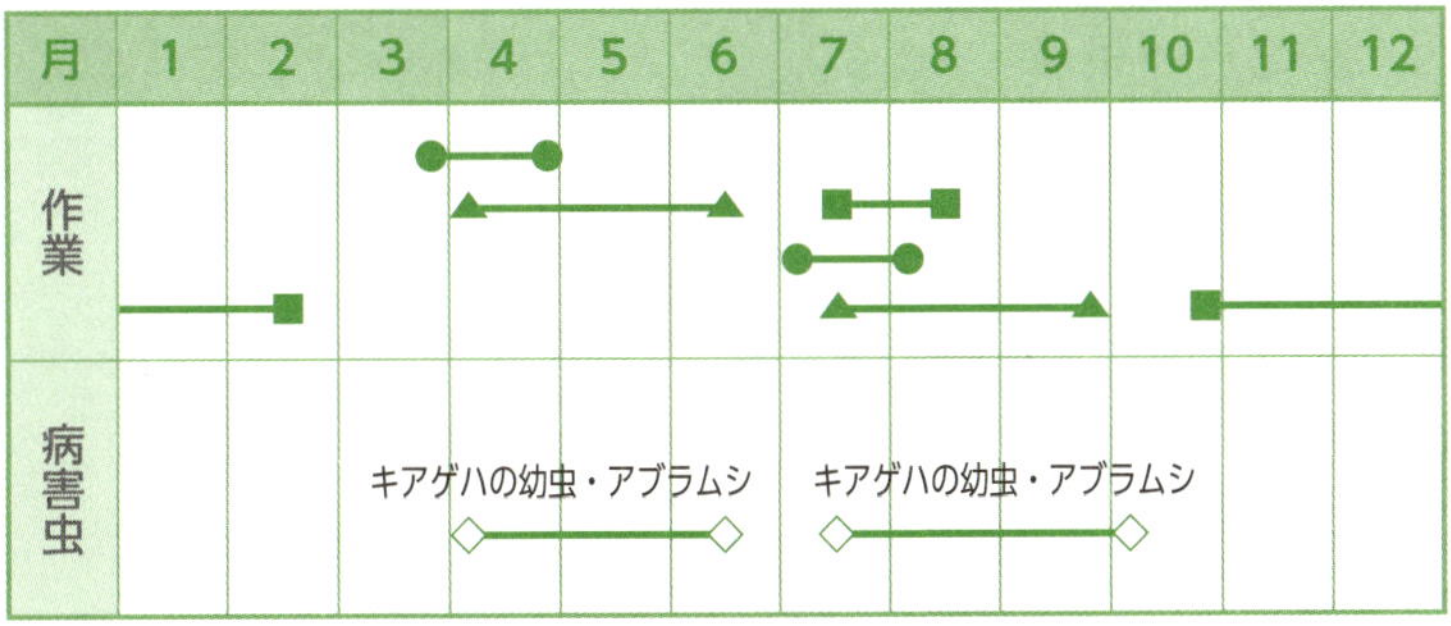

Q1 3月に種をまいたら、とう立ちしてしまいました。

A 品種と作型を確認しましたか。ニンジンには、春まき品種と夏まき品種があります。夏まき用の品種は暑さに強いのが特徴で、これを春にまくととう立ちしやすいのです。季節に合った品種を選ぶようにしてください。

Q2 うまく芽が出ません。

A ニンジンは発芽させるまでが第一の関門。土が乾燥すると芽が出にくくなります。乾燥が激しい場合は、十分水やりしてから種をまきます。そして種まき後にもたっぷりと。じょうろで水やりするときは、まいた水が引くまで待ってもう一度与えるくらいにていねいに作業します。できれば雨が降って1～2日後に種まきをするといいんですよ。種をまいたら土はごく薄くかけます。さらに籾殻や腐葉土をかけたり、不織布のべた掛けなどで保湿をはかります。

Q3 根元が緑色になりました。

A 土寄せが足らずに日に当たったからですね。ニンジンの地上部に近いところは胚軸の一部が肥大したものなので、日が当たると光合成を始めて緑色に変色してきます。緑化すると見た目が悪いだけでなく、品質もやや落ちてきます。緑化を防ぐには、根の肥大期に根元に土寄せしてやることです。

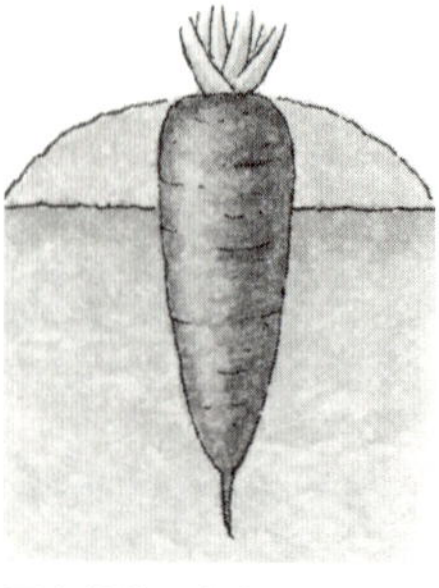

露出部分に土寄せする

Q4 根が割れてきました。

A 成長期の水分不良かとり遅れですね。根が太ってくるときに極端な乾燥と過湿を繰り返すと、根が割れてきます。

また、収穫の適期を逃しても根が老化してひび割れてきます。

Q5 引き抜いてみたら、根に小さなこぶができていました。

A ひげ根がもじゃもじゃとたくさん出ていて、こぶができていたなら、ネコブセンチュウの被害です。地上部は葉が黄色くなって元気のない状態で、被害が進むと枯れてきます。前作でナス、トマト、インゲンなどの果菜類を作ると発生が多くなります。前作を片づけるときに根を見てください。根にこぶがあれば、残念ですが、ニンジンの作付けはあきらめたほうがいいですね。その畑では、ネコブセンチュウの密度を減らす効果のあるマリーゴールドを植えることをおすすめします。1～2株程度でなく、株間30㎝で複数株を植えてこそ効果が上がります。

マリーゴールドはネコブセンチュウに効果あり

Q6 根を食べる根菜は、少しくらい虫に葉を多べられてもいいのではありませんか。

A ユニークなご質問ですね。食害は、虫が寄生したときの株の大きさしだいです。根が十分に肥大しているなら、さほど害はありません。しかし、初期や生育期に葉が食べられると、根の成長にも重大な支障をきたすので、防除に努めてください。

ニンジンによくつくキアゲハの幼虫は大型なので、放っておくと丸坊主になりますよ。私は無農薬でニンジンを作っていますが、初期の害虫は手で捕っています。

ほかの根菜類でも事情は同じです。地下部の成長期に葉を食べられると、光合成に支障をきたし、地下部が肥大しません。野菜の生育ステージにかかわらず、害虫は取り除いたほうが、いいと思います。

キアゲハの幼虫

カブ

［アブラナ科］

早わかり！ 栽培のプロセス

1 種まき

1条まき、または条間20～30㎝の2条まきが作りやすいが、点まきも可能。この場合は1か所に4～5粒をまく。

2 間引き①

双葉が出そろったところで3㎝間隔に間引く。

3 間引き②、追肥①

本葉が2～3枚出たところで5～6㎝間隔に間引いて、追肥と土寄せ。

4 間引き③、追肥②

本葉が4～5枚出たところで10～12㎝間隔に間引いて、追肥と土寄せ。

5 収穫

小カブ品種は根の直径が約5㎝で収穫。

おさえたいポイント

初心者は作りやすい小カブから

元肥

苦土石灰100g/㎡、堆肥2kg /㎡、化成肥料100g/㎡

追肥

化成肥料30g/㎡。本葉2～3枚のときと、本葉4～5枚のときの2回

水やり

種まき時と乾燥時にたっぷりと

連作アドバイス

1～2年はあける

難易度 易 **中** 難

栽培カレンダー

●種まき ○植えつけ ▲間引き+追肥 ■収穫
◆主な病気 ◇主な害虫 △その他

月	1	2	3	4	5	6	7	8	9	10	11	12
作業			●	●▲	●▲■	▲■		●	●▲	●▲■	■	■
病害虫				◇	◇ コナガ・アブラムシ・キスジノミハムシ	◇			◇	◇ コナガ・アブラムシ・キスジノミハムシ	◇	

Q1 土寄せは必要でしょうか。

A 小カブは根が地表で肥大する性質があるので、首元まで土に埋めるというような土寄せは必要ありません。間引きと追肥のついでに、根元がぐらつくのを防ぐために軽く土を寄せてやる程度で十分です。

Q2 根の形がいびつで丸くなりません。

A カブは直根類といって、肥大した胚軸と根を食べる野菜です。種まきはじかまきのみ、間引きのさいも、残す株の根を傷めないよう、慎重に扱ってください。根の形が悪い、大きくならないなどのケースは、間引きの間隔を適正にとることや、双葉の形の整ったものを残すなどのていねいな作業で防げることが多いのです。

条まき、点まきを問わず、何回かに分けた間引きで株数を調整します。条まきで最終的に10~12cm、点まきの場合は2株くらいが適当です。

Q3 根肌にぽつぽつと小さな穴があいています。

A キスジノミハムシの幼虫の食害痕でしょう。おもに4~10月ごろに発生し、根菜類の根をなめるように食い荒らします。アブラナ科野菜を連作すると多発する傾向があるので、連作をしないこと。寒冷紗で覆って成虫の飛来を防ぐことが対策です。

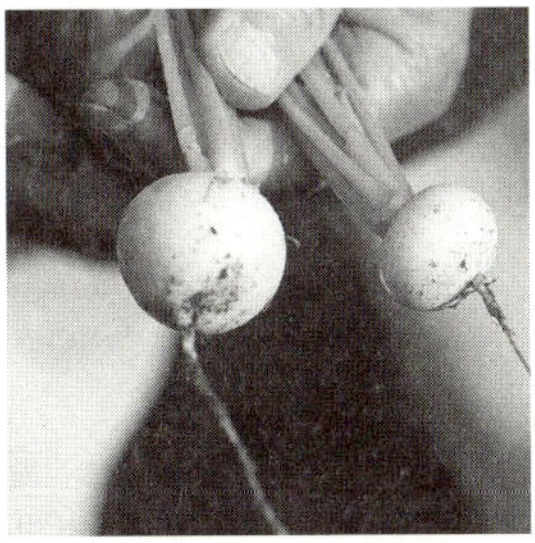
キスジノミハムシの幼虫の食害

Q4 根が割れてきました。

A 原因の一つは収穫遅れ。もう一つは生育期の乾燥です。カブは根の肥大に適度な水分を必要とします。

水はけのよい場所で栽培して、乾燥が続いたときは適宜水やりをしてください。

ただし、水たまりができるほどまくのは、病気を誘発するので逆効果です。

ラディッシュ

［アブラナ科］

早わかり！ 栽培のプロセス

1 種まき

1㎝間隔で種まきする。

2 間引き

双葉が開いたら3 ～ 4㎝間隔に間引いて土寄せ。

3 追肥

本葉4 ～ 5枚のときに追肥と土寄せ。

4 収穫

根の直径が2 ～ 3㎝になったら収穫。

！ おさえたいポイント

適期の間引きで根を肥大させる。間引きが足りないと形が悪くなる

元肥

苦土石灰100 ～ 150g/㎡、堆肥2㎏ / ㎡、化成肥料100g/㎡

追肥

化成肥料30g/㎡。本葉4 ～ 5枚になったら

水やり

種まき後と乾燥が激しいときにたっぷり

連作アドバイス

1 ～ 2年あける

難易度 易 中 難

栽培カレンダー

●種まき ○植えつけ ▲間引き+追肥 ■収穫
◆主な病気 ◇主な害虫 △その他

月	1	2	3	4	5	6	7	8	9	10	11	12
作業			●━ ▲━	━● ━━	▲ ■━	━■			●━ ▲━	━● ━▲ ■━	━━	━■
病害虫			◇━ キスジノミハムシ・アオムシ・コナガ	━━	━━	━◇			◇━ キスジノミハムシ・アオムシ・コナガ	━━	━◇	

Q1 どんな品種がありますか。

A ラディッシュといえば、以前は赤い丸形のものばかりでしたが、バラエティーに富んだ品種が増えています。根の色は赤のほか、ピンク、紫、白、上部が赤で下部が白い紅白のものなどがあります。外国の品種には黄色や黒もあり、通信販売などで入手できます。形は丸形、ウインナーのような寸胴形、ダイコンそっくりの中太り形などがあります。いくつかの品種をミックスした製品も市販されています。

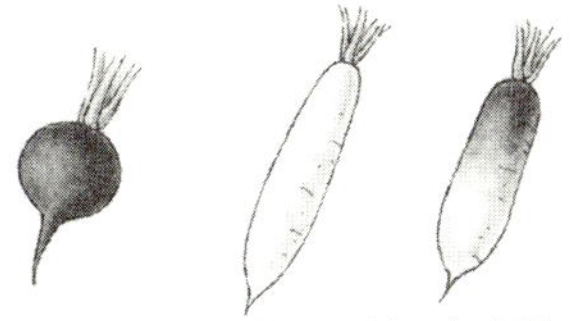

紅色球形種　白色細長種　紅白種

Q2 葉に小さな穴があいています。

A 直径1～2㎜の穴がポツポツとあいているのは、キスジノミハムシの成虫による被害と思われます。体長2㎜程度の小さな甲虫で、アブラナ科野菜の葉を好んで食べます。幼虫は地中で暮らし、根をなめるように食べて小さな穴をあけます。ラディッシュは栽培期間が短いので、被害が大きくなる前に収穫できますが、次回からは防虫ネットで予防するとよいでしょう。

Q3 根が割れています。

A とり遅れではないでしょうか。ラディッシュは種まきからおおむね30日前後で収穫できるようになります。畑に長く置いておくと、根が割れたり、すが入って品質が落ちたりします。

Q4 根の形が悪く、根元が黒ずんでいます。

A 間引きの適期を逃したか、間引き不足ではないでしょうか。間引きを適切に行わないと、株同士が込み合ってきれいな形になりません。双葉が展開したときに3～4㎝間隔に間引きます。高温期は生育がよく、葉が大きくなるので、やや広めの5～6㎝間隔に間引いてもよいでしょう。

根元の黒ずみは、地上部が乾燥したためでしょう。間引き後に株元までしっかり土寄せして予防します。

ゴボウ

［キク科］

早わかり！ 栽培のプロセス

1 種まき

株間を10～12㎝とり、1か所に5～6粒の種をまく。条まきも可能。発芽しにくいので、種を一昼夜水につけてからまくとよい。

2 間引き①

双葉が開いたら3本に間引いて土寄せ。

3 間引き②、追肥①

本葉2～3枚のときに2本に間引いて、追肥と土寄せ。

4 間引き③、追肥②

本葉4～5枚のときに1本立ちにして、追肥と土寄せをする。

5 収穫

10月中旬から収穫開始。株わきの土を掘り起こし、土を崩して抜き取る。

おさえたいポイント

土を深く耕すことがだいじ。作りやすく収穫期間が短いミニゴボウもおすすめ

元肥

苦土石灰150g/㎡、堆肥2kg /㎡、化成肥料100g/㎡

追肥

化成肥料30g/㎡。本葉2～3枚のときと本葉4～5枚のときの合計2回。以後、生育をみながら適宜

水やり

種まき時にたっぷり

連作アドバイス

4～5年はあける

難易度 中～難

栽培カレンダー

●種まき ○植えつけ ▲間引き+追肥 ■収穫
◆主な病気 ◇主な害虫 △その他

月	1	2	3	4	5	6	7	8	9	10	11	12
作業	―■		●―	▲―	―●	――	――	――	―▲	■―	――	――
病害虫							心配なし					

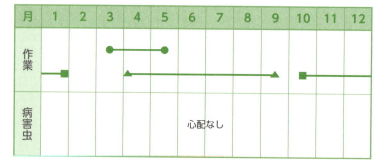

Q1 うまく発芽しません。

A ゴボウの種を発芽しやすくするために、次の2つを試みてください。①種まきの前日から水につけて水分を含ませておきます。②ゴボウは好光性種子といって、光に当たることで発芽する性質があるので、覆土はごく薄くしてたっぷりと水やりをします。

種まきの前日から水につけておく

覆土は薄く、水やりはたっぷりと

Q2 根がふたまたになりました。

A 直根類は収穫するまで様子がわからないので、種まき時からまた根にしない工夫がたいせつです。

原因は2つ考えられます。①土の耕し方が足りない場合。直根類は深くていねいに耕します。種の真下に堆肥の塊や土くれ、石があるとまた根になりやすいです。間引きのときに残した株に触れて倒すのも、根を傷めるもとです。②土中にセンチュウ（ネマトーダ）やネキリムシがいると、根をかじることがあります。センチュウの被害はマリーゴールドを植えて軽減します。

Q3 葉ゴボウを作りたいと思うのですが、どうすればいいですか。

A 関西でよく食べられている葉ゴボウは、8月末～10月下旬に種まきをして、春から初夏にかけて収穫したものです。そうした専用の品種もありますが、春にまくふつうの長根種を、間引きを兼ねて収穫しながら独特の味と香りを楽しんでみてはいかがでしょうか。

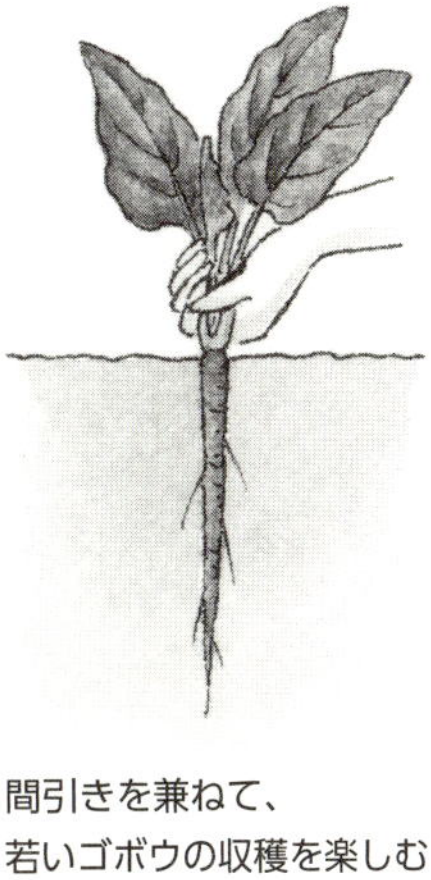

間引きを兼ねて、若いゴボウの収穫を楽しむ

ジャガイモ

［ナス科］

早わかり！ 栽培のプロセス

1 植えつけ

土壌酸度を測って石灰の量を決める。種イモは、芽を均等に分けて1片30～40gに切り、切り口に草木灰などをまぶして腐りにくくする。深さ15～20㎝の溝に種イモを植えつける。

2 芽かき、追肥①

茎の長さが10～15㎝くらいに伸びたら、1～2本に芽かきする。肥料をまいて株元に土寄せする。

3 追肥②

開花の前後を目安に追肥。イモが土中で太り始めるので、中耕を兼ねてしっかり土寄せする。

4 収穫

葉が黄色くなってきたら掘り出す。

おさえたいポイント

芽かきをしたほうが大きいイモができる

元肥

pH5.0以下なら苦土石灰100g/㎡、5.0～6.0なら50g/㎡、6.0以上なら不要。堆肥2㎏/㎡、化成肥料100g/㎡

追肥

化成肥料30g/㎡。芽かき後と開花前後の合計2回

水やり

ほとんど不要

連作アドバイス

2～3年はあける

難易度 易 中 難

栽培カレンダー

●種まき ○植えつけ ▲間引き+追肥 ■収穫
◆主な病気 ◇主な害虫 △その他

月	1	2	3	4	5	6	7	8	9	10	11	12
作業		○―	―○	▲―	―▲■―	―■		○―	―○▲―	―▲	■―	―■
病害虫		アブラムシ・テントウムシダマシ		疫病 ◆― ◇―	―◆ ―◇			アブラムシ・テントウムシダマシ	◇―	―◇		

Q1 秋に植えたジャガイモが発芽しません。

A 秋植えは春植えよりも難しいのです。ジャガイモは涼しい気候が好きなのに、9月ごろのまだ暑い時期に植えつけるので、種イモが腐りやすくなります。まずは品種選び。秋に植えつけできる『デジマ』や『ニシユタカ』『アンデス赤』などの品種にします。『男爵』や『メークイン』は避けます。できれば、種イモはSサイズの小ぶりなものを選び、切らずに植えつけます。Mサイズ以上のときは「じゃがいもシリカ」（サングリーンオリエント）をまぶして乾燥させ、切り口を保護します。植えつけは午前中の地温の低いうちに。雨の前後は避けます。しだいに涼しくなるので、発芽すればあとは順調に育ちます。

Q2 なぜ芽かきをするのでしょうか。

A 1株当たりの収量はほぼ決まっています。芽が多いと小さなイモがたくさんでき、芽が少ないと大きなイモができます。1～2本にすることで、イモの数を少なくして大きく育てるのが目的です。

Q3 葉が大きく茂って倒れ、隣のレタスが腐ってしまいました。葉を刈り込んでもいいですか。

A 隣のレタスとの間をどのくらいあけましたか。植えつけ時に成長を考慮しなかったことが原因です。ジャガイモを植えつけるときに、隣の畝とは70～80㎝以上離すことが望ましいのです。そして、茎葉が大きく伸びたときは、支柱を立ててひもなどで囲み、広がりを抑えてやりましょう。

じゃまだからといって葉を切ると、イモが肥大しなくなりますよ。

Q4 ジャガイモにミニトマトのような実ができました。

A 品種によって実がつきやすいものがあるのです。従来よく作られていた『男爵』や『メークイン』は、東北以南ではめったに実をつけることはありません。しかし、『キタアカリ』や『インカのめざめ』などのような実ができやすい品種が登場し、実をつけることはさほど珍しいことではなくなってきました。また、夏が涼しいと実がつきやすいようです。

ジャガイモの実

Q5 **花を摘み取ったほうがいいのですか。**

A 実験の結果では、取ったほうが若干収量が増えました。摘み取ることで養分がイモの充実に回るのは事実ですが、わずかなので花は取っても取らなくてもどちらでもいいと考えます。ピンク、紫、白など意外ときれいな花なので、咲かせて楽しんでもいいと思いますよ。

Q6 **イモが緑色になりました。食べられますか。**

A イモが地表に露出して日に当たると緑色になります。緑色の部分にはソラニンという有毒な成分が含まれていてえぐみがあるので、食べないほうがいいでしょう。緑化を防ぐには、株元へのていねいな土寄せで畝を高く保つことです。

Q7 **掘り出したら割れていました。**

A 害虫や病原菌以外の原因で起こる生理障害でしょう。生育中の急激な土壌水分の変化や高温によって、二次成長が起こって奇形化したのです。くびれやこぶなどが生じたり、亀裂が入って割れるなどの症状が特徴です。適期に収穫することと、高畝を保って水はけをよくすることで防ぎます。

Q8 **皮があばた状になってがさがさです。**

A 原因はいくつか考えられます。一つは、そうか病です。表面に褐色の斑点ができてかさぶた状になるのが典型的な症状です。これは、石灰の多いアルカリ性の土で発生しやすいのです。石灰は多すぎても少なすぎてもダメ。74ページの元肥欄を見てください。植えつけ前にpH調整をしましょう。もう一つは、土壌の水分過多です。皮がコルク化して見た目がよくありません。

高畝にして水はけのよい畑をつくりましょう。

Q9 収穫したイモを翌年の種イモにできますか。

A 自分で栽培、収穫したイモは、ウイルス病に感染している可能性があるので、種イモとして使うのはやめたほうがいいです。種苗店などで販売している種イモは、厳密な栽培条件のもと、検査でウイルス病などに侵されていないことが確認済みのものです。ウイルス病にかかると、生育異常を起こして収量が著しく低下する傾向があるので要注意。同様に、スーパーで食用に買ったジャガイモを植えるのもおすすめできません。ウイルスに感染していても、食用にはまったく問題ありません。

Q10 イモが腐りました。保存法を教えてください。

A 収穫時と保存法の差で、もちが違ってきます。収穫は、晴れた日が2~3日続いて、土が乾いた日が理想的です。雨の日や土がぬれているときに収穫すると、掘ったときについた傷口から腐り始めることもあります。収穫したイモは、半日程度畑で乾かしたのち、1~2日風通しのよい日陰に広げておきます。そして、軽く土を払って段ボールなどに入れて涼しい日陰に置けば、3~4か月はもちます。水分は厳禁なので、洗わないように。

Q11 コンテナ栽培のポイントを教えてください。

A 根菜類はできるだけ深い容器や土のう袋などで作るのがよいでしょう。植えつけ時は、容器の半分くらいまで土を入れ、成長に応じて土を足していく「増し土」というやり方をします。

ジャガイモの場合は、芽かきと開花時の2回行います。種イモよりも地面に近い場所に新イモがつくので、増し土をしてイモが育つスペースを作ってやります。

サトイモ

［サトイモ科］

早わかり！ 栽培のプロセス

1 植えつけ

芽の出る部分を上にして植えつける。

2 追肥

植えつけの1か月後から月1回の追肥。株の成長とともに少しずつ土寄せして、畝を高く盛り上げる。

3 水やり

乾燥に弱いので、梅雨明け後は敷きわらをしたり、週に1 ～ 2回の水やりをするとイモの肥大がよくなる。

4 収穫

10月下旬～ 11月下旬、霜が降りる前に収穫する。

! おさえたいポイント

月に1度の土寄せでイモを育てる。乾燥期には水やりを

元肥

苦土石灰100g/㎡、堆肥2kg /㎡、化成肥料100g/㎡

追肥

化成肥料30g/㎡。植えつけの1か月後から月1回

水やり

7 ～ 8月の乾燥期に水やりすることで、収量が増える

連作アドバイス

3 ～ 4年はあける

難易度 易 **中** 難

栽培カレンダー

●種まき ○植えつけ ▲間引き+追肥 ■収穫
◆主な病気 ◇主な害虫 △その他

月	1	2	3	4	5	6	7	8	9	10	11	12
作業				○──	──○					■──	──■	
					▲──	────	────	────	──▲			
病害虫						◇──	────	────	──◇	アブラムシ・ハスモンヨトウ		

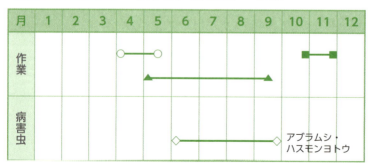

Q1 発芽が不ぞろいです。

A 深植えしたのではありませんか。植えつけの深さが20cm以上だと芽が出にくくなります。深さ10cm程度の穴を掘って種イモを置き、土を7～8cmくらいかけて手のひらで押さえます。また、種イモが腐っていたり、芽がない場合も発芽不良になります。

発芽をそろえるには、苗床に仮植えして発芽したものだけを定植するやり方もあります。〔芽出しについては89ページ、Q1も参照してください〕

Q2 収穫してみたら、子イモがあまり育っていませんでした。何が原因ですか。

A サトイモは日当たりがよく、水けの多い環境を好みます。乾燥が続くとイモの生育が進まないので、敷きわらなどで湿度を保ち、適宜水やりします。

とくに、梅雨明け後は雨の降らない日が続くので、週に1～2度はたっぷり水やりをすると、イモが大きくなります。

Q3 11月中旬、葉が枯れました。イモに影響しますか。

A 11月という時期から考えて初霜にあったのではないでしょうか。サトイモやサツマイモは熱帯性の野菜なので、霜が降りると葉が一気に褐色に変わり、枯れてしまうのです。これらのイモの収穫は、霜の降りる前が基本です。地域の初霜の時期を考慮して、その前に収穫しましょう。低温にあたると腐るので注意してください。

寒さのために葉が茶色くなってきたら、大至急掘り出しましょう。〔霜の時期については169ページ、Q16も参照してください〕

Q4 収穫後、何日かおいてから食べたほうがいいんですか。

A サトイモとジャガイモは、とりたてが抜群においしいです。反対に、サツマイモは、収穫後3～4日縁側に干して、デンプンが糖化するまでしばらく待ってから食べると甘くておいしくなります。同じイモでもいろいろあるんです。

Q5 親イモも食べられるのですか。

A 食べられますが、おいしいかどうかは品種しだいです。サトイモの品種には、子イモ専用、親子兼用、親イモ専用のほかに、葉柄を食べるズイキのあわせて4つの系統があります。『石川早生』などの子イモ専用品種は子イモが美味です。親イモも食べられますが、ちょっとかためです。食べるなら、収穫から2～3日以内の新しいうちがいいでしょう。『赤芽いも』などの兼用品種と親イモ専用の『ヤツガシラ』は、むろん食べられます。

Q6 保存法を教えてください。

A サトイモの保存には、12℃以上の温度と90％以上の湿度が必要です。それには、深さ50㎝くらいの穴を掘って、底に籾殻を敷いてイモを並べ、さらに籾殻で覆って土を厚くかぶせる方法が一般的です。親イモと子イモを離さず、茎の切り口を下に向けて埋めるのがポイントです。切り口から水がしみ込んで、腐るのを防ぐための知恵です。こうして保存したイモは翌年の種イモにもできます。

ちなみに、サツマイモも同様の方法で保存できます。

Q7 青果店で買ったサトイモを植えてもいいですか。

A 土がついたままの品質のよいものであれば、植えつけできます。大きさは中くらい、芽がしっかりとついていて、全体的にふっくらとした形のよいもの、腐敗や病斑がないものを選びます。

○

×

サツマイモ
［ヒルガオ科］

早わかり！ 栽培のプロセス

1 植えつけ

元肥は、窒素分を抑えて蔓ぼけを防ぐ。苗を4 ～ 5㎝程度の深さに植える。

2 追肥

葉の色が薄いようなら追肥を。生育良好なら散布しなくてもよい。

3 収穫

霜が降りる前に掘り出す。

！ おさえたいポイント

窒素過多による蔓ぼけに注意

元肥

苦土石灰100g/㎡、堆肥2kg / ㎡、化成肥料20 ～ 30g/㎡、草木灰100g/㎡

追肥

ほとんど不要。葉の色が薄いときに化成肥料30g/㎡を適宜

水やり

活着を助けるため、植えつけ時に

連作アドバイス

連作障害はないが、1年程度はあける

難易度 易 ～ 中

栽培カレンダー

●種まき ○植えつけ ▲間引き+追肥 ■収穫
◆主な病気 ◇主な害虫 △その他

月	1	2	3	4	5	6	7	8	9	10	11	12
作業					○――	――○				■――	――■	
病害虫							◇――	――――	――◇	ヨトウムシ・コガネムシ		

Q1 肥料なしでできるのですか。

A サツマイモは救荒作物といわれ、やせ地でも収量が上がることで知られています。窒素を過剰に施した畑では、蔓（茎や葉）ばかりが茂ってイモが太らない「蔓ぼけ」になる傾向があります。したがって、前作で肥料をたっぷり入れた畑では無肥料でも作れます。

この場合は、葉の色を見て施す追肥が重要となります。窒素分を減らすため、3要素が均等な配合肥料の場合は、全体量を少なめにします。農家は、窒素分を5分の1程度に抑えたサツマイモの専用肥料（N－P－K＝3－7－10）を施します。

Q2 植えつけ後の苗の活着が思わしくありません。

A サツマイモは、種イモから伸びた30㎝ほどの苗（挿し穂）を植えつけます。葉のつけ根の節から根が出て、そこにイモができるのです。だから、挿し穂の長さの4分の3くらいは土に埋めるようにしないと、イモができません。

植えつけ直後、ぐったりとしおれて土が乾いているようなら、2～3日水やりを続けてください。1週間くらいすれば発根してきます。

植えつけは挿し穂で行う

Q3 夏の間、葉や蔓は立派に育って勢いがよかったのに、収穫したら小さなイモばかりでした。

A 窒素過多が原因です。ほかのいくつかの野菜と同じように窒素肥料を入れると、地上部の蔓の伸びが著しく、葉が大きくなります。これが「蔓ぼけ」で、イモの肥大が悪くなることが知られています。元肥の散布量に注意してください。反対に、カリ分が多いと収量が増えます。前述のサツマイモの専用肥料（N－P－K＝3－7－10）は、窒素分が少なくカリが多く配合してあります。

本書で利用している配合肥料（N－P－K＝15－15

−15）の場合は、窒素の量を基準に考えます。通常の5分の1程度の、20〜30gで十分です。カリ分は草木灰で補います。

Q4 蔓返しをしたほうがいいのですか。

A 蔓返しとは、サツマイモの蔓を持ち上げて、節から伸びた根を切ることです。株に近い節についたイモを大きく育てる意味があり、昔は蔓返しをするように指導していましたが、いまは品種改良などによって蔓返しの必要はなくなりました。狭い家庭菜園で葉がかぶさってじゃまなときに移動する程度で十分です。

Q5 花を見たことがありません。なぜ咲かないのですか。

A サツマイモは中央アメリカが原産の熱帯性の野菜です。高温短日条件下でないと開花に至りません。日本の夏は高温長日なので、本州では花を見ることは珍しく、沖縄や鹿児島などの亜熱帯気候では咲くことが知られています。同じヒルガオ科のアサガオやクウシンサイに似た、ラッパ形のかわいい花です。

Q6 スーパーに紫やオレンジ色のイモがありました。種イモからの苗づくりと育苗法を教えてください。

A 人気の紫イモに続いて、濃紫色やオレンジ色の品種も登場しています。比較的簡単に苗づくりができるので、気に入った品種を作ってみてください。

育苗には、温度管理しやすいプランター栽培がいいですね。4月上旬、プランターに軽石（鉢底石）を敷いて半分まで培養土を入れ、イモをすきまなく並べます。イモが見えなくなる程度に土をかけて水やりします。最低15℃以上、日中に25℃程度になる場所に置き、乾いたらたっぷり水やりします。低温期は透明なビニール袋をかぶせて保温するとよいでしょう。50〜60日で、30㎝くらいに成長した苗が採れるので、切り取って植えつけます。苗を採ったあとの種イモからはまた芽が伸びてくるので、6月中旬くらいまで苗採りが可能です。

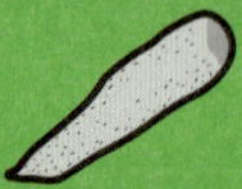

ヤマイモ

［ヤマノイモ科］

早わかり！ 栽培のプロセス

1 植えつけ

深さ約20㎝の植え溝を掘り、株間を50㎝あけて種イモを植えつける。

2 支柱立て、誘引

蔓が伸び始めたら支柱を立てて、蔓をからませる。

3 追肥

植えつけの1か月後から月1回追肥して、土寄せする。

4 収穫

葉が黄色くなって枯れてきたら地上部の茎葉を刈り取り、イモを掘り出す。

おさえたいポイント

蔓が旺盛に伸びるので、支柱を立てて誘引する

元肥

苦土石灰150～200g/㎡、堆肥2㎏/㎡、化成肥料100g/㎡

追肥

化成肥料30g/㎡。植えつけの1か月後から月1回

連作アドバイス

3～4年あける

難易度 易 **中** 難

栽培カレンダー

●種まき ○植えつけ ▲間引き+追肥 ■収穫
◆主な病気 ◇主な害虫 △その他

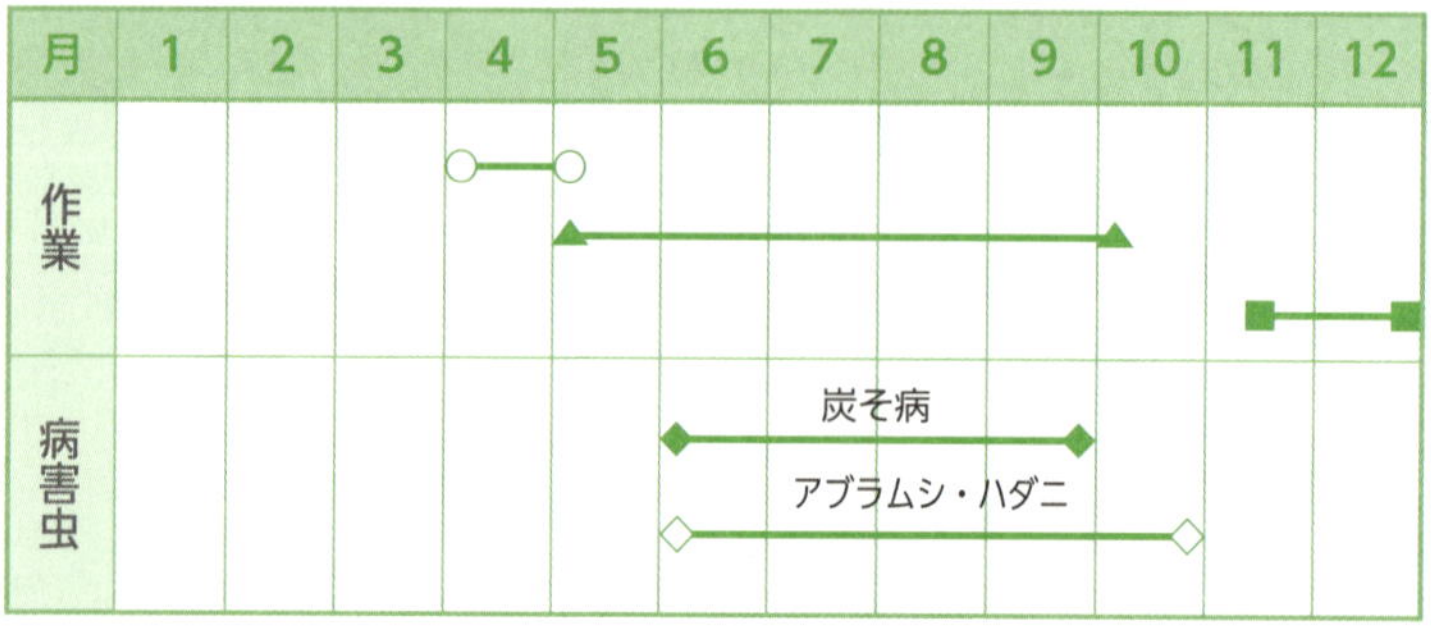

Q1 どのような品種がありますか。

A ①**ナガイモ**　ヤマイモを代表する品種で、粘りはやや弱く、シャキシャキとした歯ざわりが楽しめます。
②**イチョウイモ**　手のひら形でナガイモよりも粘りがあります。関東では「ヤマトイモ」と呼ばれることも。
③**ツクネイモ**　関西地方を中心に栽培され、「丹波イモ」「伊勢イモ」などご当地ブランドが有名。粘りが強く、きめ細かい肉質が特徴です。
④**ジネンジョ（自然薯）**　山野に自生している日本原産のヤマイモで、正式には「ヤマノイモ」と呼ばれます。種イモが出回っていて、畑で栽培できます。長さ2～3mにもなり、きわめて強い粘りが持ち味です。

Q2 どんな土壌が適していますか。

A 深い耕土が必要で、とくにナガイモ、ジネンジョなどの細長いイモは、深くていねいに耕したうえで種イモを植えつけます。元肥で堆肥などの有機物をたっぷりと施し、土をふかふかにしておきます。

Q3 ムカゴから育てることはできますか。

A ムカゴは、葉のつけ根にできたわき芽の一種です。イモ、種に並ぶ繁殖器官で、ムカゴを植えつければヤマイモができます。ただし、ムカゴからのスタートは、2年越しの栽培になります。1年めの春にムカゴを植えつけ、秋にとれたイモを翌春の種イモ用に掘り出して貯蔵します。2年めの春にこのイモを植えつけて、秋にようやく大きなヤマイモが収穫できます。

Q4 耕土が浅く、深く耕せません。

A 長く伸びる品種の場合は、トタン板やプラスチック製の波板などを土中に埋めて種イモを植えつけると、深く耕せない畑でも栽培できます。塩化ビニール製の管を埋めて、まっすぐなイモを収穫する方法もあります。

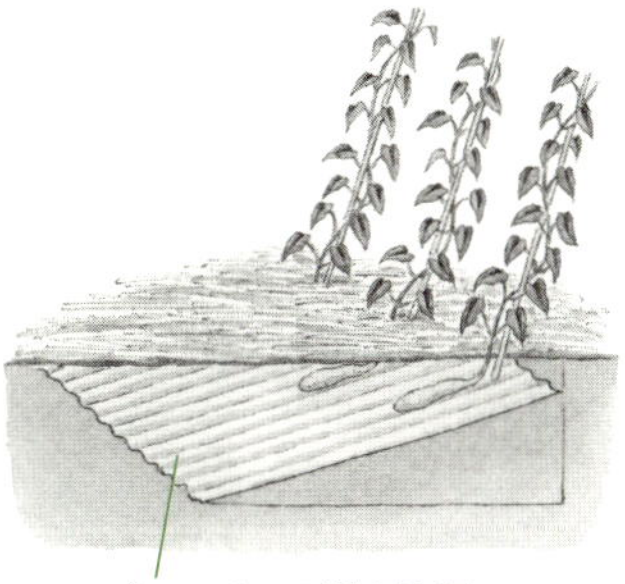

テーブルビート［ヒユ科］

早わかり！ 栽培のプロセス

1 種まき

条間を20 ～ 30㎝あけ、2 ～ 3㎝間隔で種まきする。

2 間引き①

双葉が開いたら4 ～ 6㎝間隔に間引いて土寄せする。

3 間引き②、追肥①

本葉3 ～ 4枚のときに6 ～ 8㎝間隔に間引いて、追肥と土寄せ。

4 間引き③、追肥②

本葉6 ～ 7枚のときに10 ～ 12㎝間隔に間引いて、追肥と土寄せ。

5 収穫

根の直径が5 ～ 6㎝になったら収穫する。

! おさえたいポイント

酸性土壌を嫌うので、pH6.0 ～ 7.0の弱酸性に整える

元肥

苦土石灰150 ～ 200g/㎡、堆肥2㎏/㎡、化成肥料100g/㎡

追肥

化成肥料30g/㎡。2回めと3回めの間引き後の2回

水やり

種まき時にたっぷり

連作アドバイス

1 ～ 2年あける

難易度 易 **中** 難

栽培カレンダー

●種まき ○植えつけ ▲間引き+追肥 ■収穫
◆主な病気 ◇主な害虫 △その他

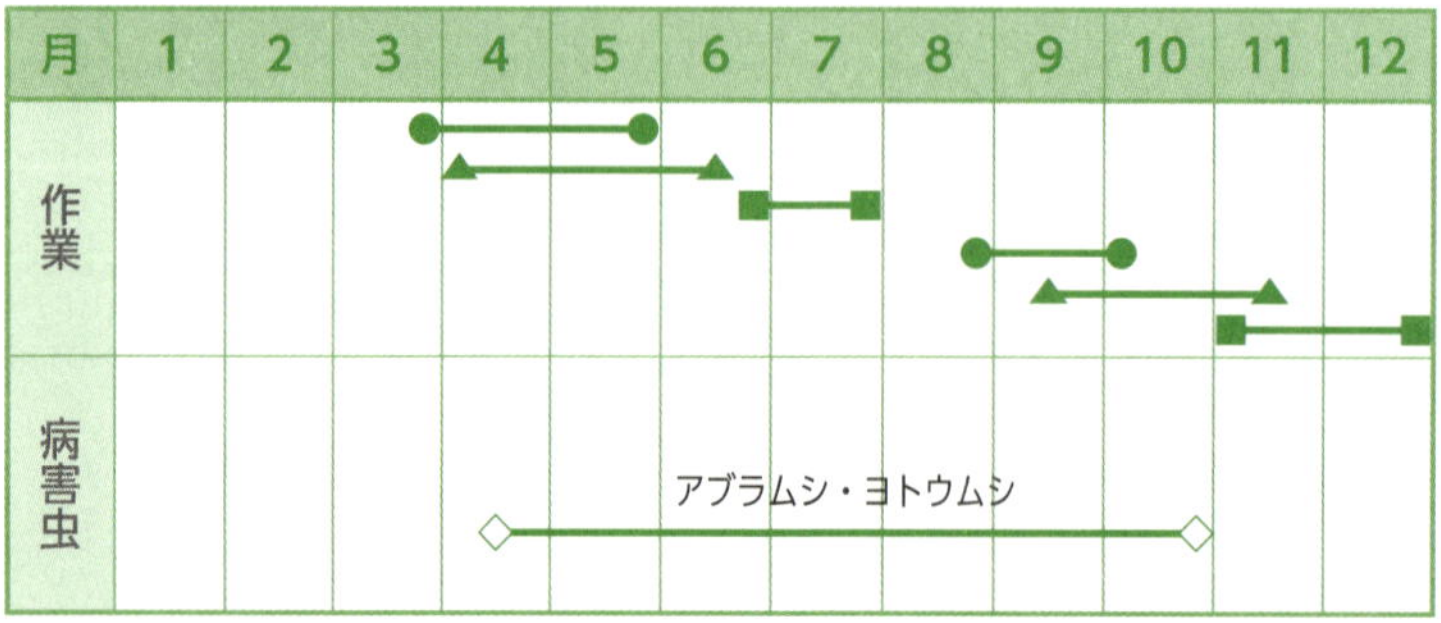

Q1 種をまいたけれど発芽しません。

A 原因はいくつか考えられます。テーブルビートは酸性土壌に弱く、発芽不良を起こすことがあります。苦土石灰を通常より多めの150〜200g／㎡散布し、pH6・0〜7・0に調整します。心配なときは、土壌酸度を測定してから栽培を始めましょう。

種皮がかたいのも、発芽しにくい原因の一つです。種まきの前に12時間以上水につけておくと、種皮がやわらかくなって発芽しやすくなります。また、栽培に適しているのは春と秋で、比較的冷涼な気候を好みます。気温が高すぎても低すぎても発芽しないことがあります。

Q2 1か所から何本も芽が出ました。

A テーブルビートの種といわれるものは、じつは「果実」です。かたい種皮の中に2〜3個の種子がかたまって果実を形づくっているため、同じ場所から複数の芽が出てくるのです。

間隔をやや広めにあけて2〜3㎝間隔で種まきし、重なって発芽したところをていねいに間引きます。

Q3 根が太りません。

A 間引きが足りないと、根の肥大が進みません。間引きを重ねて、最終株間は10〜12㎝にします。間引き時は株間があきすぎてパラパラとした印象ですが、成長すれば葉が茂って根も肥大します。

また、肥料切れも原因の一つと考えられるので、2回めと3回めの間引き時に追肥するほか、様子をみてもう1回追肥してもよいでしょう。

Q4 調理法を教えてください。

A 根を洗い、皮をむかずに1時間ほどゆでます。竹串を刺してすっと通るくらいにやわらかくなったら火を止め、煮汁ごと冷まして下ごしらえは完了。皮をむいてボルシチやサラダ、ピクルスなどで食べます。テンサイ（サトウダイコン）の仲間で、ほんのりとした甘みがあります。煮汁は赤紫色になり、切り口からも赤紫色の汁があふれ出るので、注意してください。

ショウガ

【ショウガ科】

早わかり！ 栽培のプロセス

1 植えつけ

芽がしっかりとついていて、病気の心配がない充実した種ショウガを求める。

2 追肥

植えつけの1か月後から、毎月1回追肥し、土寄せする。

3 収穫

初夏に筆ショウガ、盛夏に葉ショウガ、晩秋に根ショウガを収穫する。

！ おさえたいポイント

筆ショウガから根ショウガまで、収穫時期は3回ある

元肥

苦土石灰150g/㎡、堆肥2kg /㎡、化成肥料100g/㎡

追肥

化成肥料30g/㎡。植えつけの1か月後から月1回

水やり

乾燥期は水やりの効果は高い

連作アドバイス

4 ～ 5年はあける

難易度 易 **中** 難

栽培カレンダー

●種まき ○植えつけ ▲間引き+追肥 ■収穫
◆主な病気 ◇主な害虫 △その他

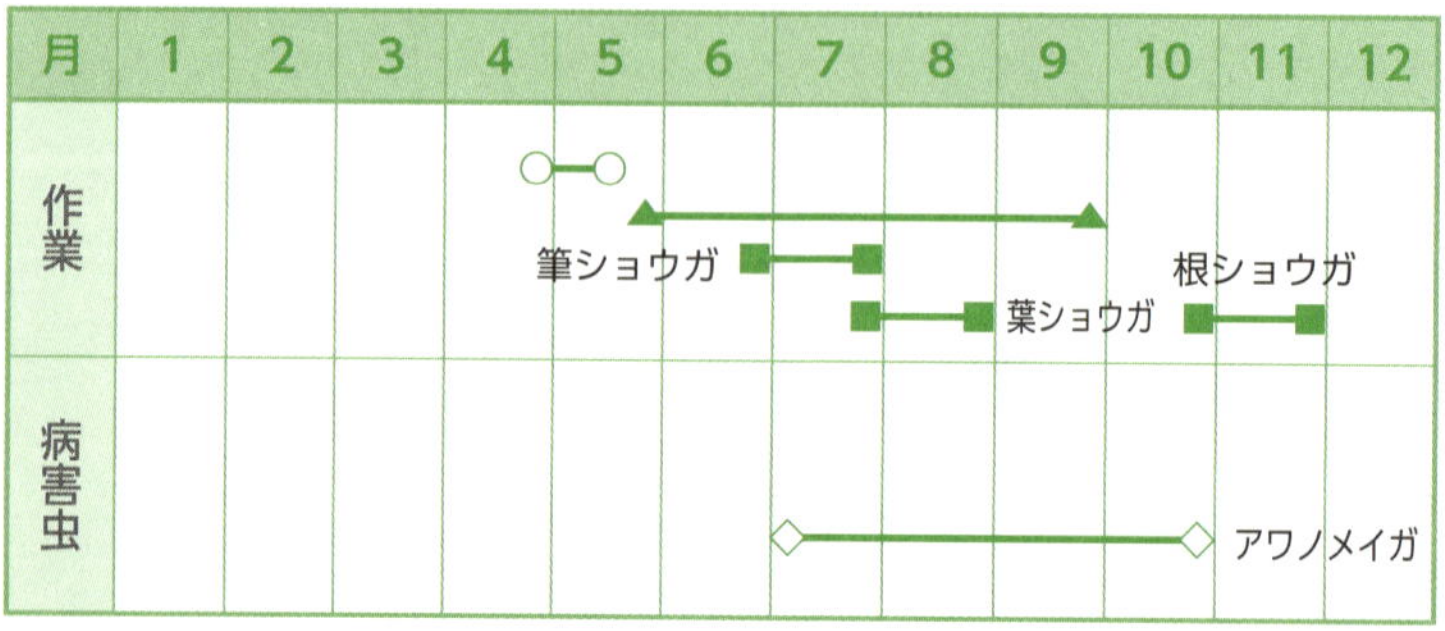

Q1 芽が出ません。

A ショウガは植えつけの時期が発芽に影響します。高温多湿を好み、10℃以下の低温では塊茎が腐りやすくなります。植えつけの適期は、最低地温が15℃以上になる4月下旬〜5月上旬。とくに連作を嫌うので、4〜5年は作付けしていない場所を選ぶこともたいせつです。発芽まで30日くらいかかるので、プランターなどで芽出ししてから植えつけるのもよいでしょう。手順は次のとおりです。①容器に培養土を入れ、種ショウガを置いて隠れるくらいまで土をかぶせます。②ビニールのシートなどで覆って保温します。③発芽して芽が7〜8cmくらいに伸びたら、掘り出して畑に定植します。確実に発芽したものだけを植えるので失敗が少なく、畑の有効利用にもなります。

Q2 猛暑が続いた夏、なんだかぐったりしています。

A ショウガは、暑さとともに湿りけがたいせつなのです。梅雨明けごろから、わらや刈り草をたっぷり敷いて、乾燥を防いでやります。週1回程度の水やりで、収量にぐっと差が出ますよ。

Q3 収穫の時期を教えてください。

A ショウガは収穫期間が長く、その時々で利用のスタイルもさまざまです。まず6〜7月に新芽を収穫するのが筆ショウガです。その姿から矢ショウガともいいます。草丈15cm、葉が3〜4枚開いたころに、新芽だけをかき取るように引き抜きます。種ショウガを掘り出さないよう、片手で地面を押さえてかき取ります。ピリッとした爽やかな辛みはビールのお供にぴったりです。次に、7月下旬ごろからとれるのが葉ショウガ。葉が7〜8枚になったら、数本をまとめて引き抜きます。甘酢漬けなどでおいしく食べられます。

収穫後は乾燥に備え、敷きわらと水やりで塊茎を肥大させます。10月下旬〜11月になると、いよいよ根ショウガの収穫です。スコップで掘り上げ、茎を切り離して保存します。「ひねショウガ」とは春に植えた種ショウガのことで、すりおろして薬味として利用できます。

ハクサイ

［アブラナ科］

早わかり！ 栽培のプロセス

1 種まき
ポリポットに土を入れて、種を4～5粒まく。

2 間引き①
双葉が開いたころに3本に間引く。

3 間引き②
本葉2～3枚のときに2本に間引く。

4 間引き③
本葉3～4枚のときに1本に間引く。

5 植えつけ
根鉢を崩さないように苗を植えつける。

6 追肥
植えつけの2週間後から2週間ごとに追肥・土寄せ。

7 収穫
球を押さえてみてかたく締まっていたら収穫。

8 防寒対策
霜が降りるようになったら、外葉で球を包み込んでひもで縛っておけば1月中旬まで畑で保存できる。

おさえたいポイント

不結球を防ぐには適期の種まき、植えつけがだいじ

元肥
苦土石灰100～150g/㎡、堆肥2kg/㎡、化成肥料100g/㎡

追肥
化成肥料30g/㎡。植えつけの2週間後から2週間ごとに

水やり
種まき時と定植時にたっぷり

連作アドバイス
2～3年はあける

難易度 中～難

栽培カレンダー

●種まき ○植えつけ ▲間引き+追肥 ■収穫
◆主な病気 ◇主な害虫 △その他

月	1	2	3	4	5	6	7	8	9	10	11	12
作業	—■							●● ▲—	○○ —	—▲ ■—	—	—
病害虫									根こぶ病・軟腐病 ◆— アブラムシ・コナガ ◇—	—◆ —	—◇	

Q1 じかまきとポットまきのどちらがいいのでしょうか。

A 本来、ハクサイは移植には強くないのですが、ポットまきなら植え傷みもないので、ポットでの育苗をおすすめしています。

じかまきすると、8月下旬～9月上旬の残暑の時期に耕作しなければならず、作業するのにかなり骨が折れます。ポットまきならば労力も少なく苗の管理ができ、さらに畑の有効活用などの利点が大きいと考えるからです。

ポットまきの場合は、次の手順で育苗、移植します。①4～5粒の種をまきます。②ポットでの間引きは3回。双葉が完全に開いたころに3本に、本葉2～3枚のころに2本に、本葉3～4枚のころに1本にします。間引きのさいには、残す苗の根を傷めないよう慎重に扱いましょう。③本葉5～6枚になるまで育てて畑に移植します。このとき、根鉢を崩さないように気をつけてください。

Q2 白い軸の部分にゴマのような点がたくさんつきました。

A このような症状が出る病害はいくつかあって特定が難しいのですが、軸（葉柄）に発生するのは、病原菌によるものではなく、生理障害によるゴマ症状と呼ばれるものです。葉柄や緑の葉に黒い斑点ができて、黒ゴマを散らしたようで見た目がよくありません。主な原因は窒素分の過剰、温度管理の失敗、収穫遅れなどです。

また、微量要素の欠乏でも発症することがあり、地力のある土づくりに努めることがたいせつです。食べる分には何の問題もありません。

Q3 葉がしおれてきて、なんだか元気がありません。

A この質問からだけでは判断しかねますが、葉がしおれるというとすぐに思い浮かぶのは、根こぶ病です。初期症状は、晴天の日中に葉がしおれ、夕方になると回復することを繰り返します。やがて株の衰弱が激しくなり、手の施しようがなくなります。株を引き抜いてみると、根がこぶ状になっています。根こぶ病はアブラナ科野菜の連作障害のなかでも恐ろしい病気の一つ。酸性土壌、水はけの悪さ、連作などの要因で発病します。病原菌は土壌伝染するので、被害を見つけたら早めに株を処分しなければなりません。

Q4 11月後半になっても結球しません。

A 残念ですが、11月下旬ではもう結球はしないでしょう。ハクサイは、種まきの適期を守ることがたいせつなのです。生育適温が20℃前後、結球する適温は15～17℃と冷涼な気候を好むので、早くまくと病害虫にかかりやすくなり、遅れると11月以降の低温にあって花芽が形成されて不結球になってしまう性質があります。

自分の地域の種まきの適期を把握しておくことが肝心です。

それから、結球しなかった株ですが、翌春にとう立ちして菜の花が咲きますから、残しておいて味わうのもアイデアです。ハクサイは株が大きいので、花茎（ナバナ）がたくさん伸びておいしいんです。私は、結球しなくてお手上げという意味と、ナバナができてラッキーという意味で「万歳ハクサイ」と命名しているんですよ。

結球しなくても春にナバナが楽しめる

Q5 小ぶりなものしかできません。

A ハクサイは結球開始時の株の大きさで球のサイズが決まります。そのためには、株間を40～45㎝程度あけること、1本立ちしたときと結球が始まったころの2度の追肥がポイントとなります。球がかたく締まっていれば、小さくても収穫しましょう。

コマツナなどの漬け菜類 ［アブラナ科］

早わかり！ 栽培のプロセス

1 種まき

1㎝程度の間隔をあけて種をまく。カラシナなど大株に育てるものは、株間10 ～ 20㎝の点まきにして、最終的に1本に間引く栽培法もある。

2 間引き

双葉が開いたころに3 ～ 4㎝間隔に間引いて土寄せ。

3 追肥

本葉が4 ～ 5枚出たころに追肥と土寄せをする。カラシナなどは、間引きで10㎝間隔に広げ、2回めの追肥と土寄せ。

4 収穫

草丈が20 ～ 25㎝になったら収穫。カラシナなどは草丈30 ～ 40㎝くらいまで大きく育てて、外葉をかき取り収穫することもできる。

おさえたいポイント

種をまけば生えてくる失敗の少ない青菜。厚まきに注意

元肥

苦土石灰150g/㎡、堆肥2kg /㎡、化成肥料100g/㎡

追肥

化成肥料30g/ ㎡。本葉4 ～ 5枚（草丈7 ～ 8㎝）のときに1回

水やり

発芽まで乾かさない。畑の乾燥が激しい場合は水やりする

連作アドバイス

1 ～ 2年はあける

難易度 易 中 難

栽培カレンダー

●種まき ○植えつけ ▲間引き+追肥 ■収穫
◆主な病気 ◇主な害虫 △その他

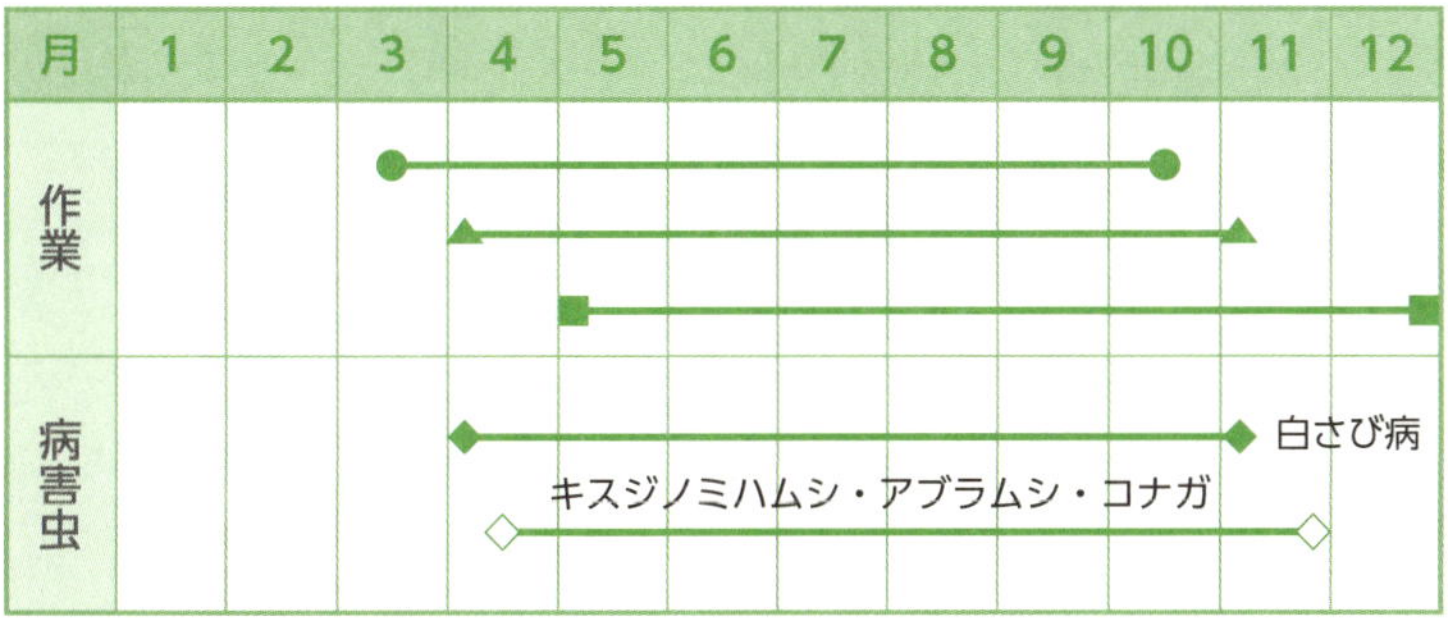

Q1 漬け菜とは何ですか。どんな野菜を含むのですか。

A 漬け菜とは、アブラナ科野菜のなかのハクサイや小カブなどの仲間のうち、結球しない漬け物用の青菜をいいます。

地方品種が多く、各地にご当地品種があるのが特徴。代表的なものに、信州のノザワナ、京都のミズナ、ミブナ、広島のヒロシマナ、福岡のカツオナなどがあります。〔京都のミズナは別項を設けたので96〜97ページを参照してください〕

Q2 いっぺんに作りすぎて食べきれません。

A 漬け菜類は、真冬を除いてほぼ一年じゅう作れるうえに、種まきから1〜2か月程度で収穫できる、もっとも作りやすい野菜です。いちどにたくさん種をまくと、間引きや収穫の手間も馬鹿になりませんよ。

少しずつ長い期間にわたって収穫するのなら、計画的な栽培をおすすめします。涼しい時期は1週間、温度が上がって生育のスピードが速くなるころには10日〜2週間の間をあけて種をまきましょう。とれすぎた分はおすそ分けしたり、漬け物にしてむだなく食べてほしいですね。

Q3 葉の裏側に白い斑点ができました。

A コマツナ、チンゲンサイなどに多い白さび病の可能性がありますね。うどんこ病、灰色かび病などと同様、糸状菌（カビ）が原因で発症します。春と秋に被害がみられ、高温期には収まる傾向があります。水はけが悪かったり、密植などが原因で発病するので、適正な間引きを心がけ、水やりは葉にかけずに株元にかけるなどの対策を講じてください。

症状が進むと葉が黄色くなり、やがて枯れてしまいます。被害に

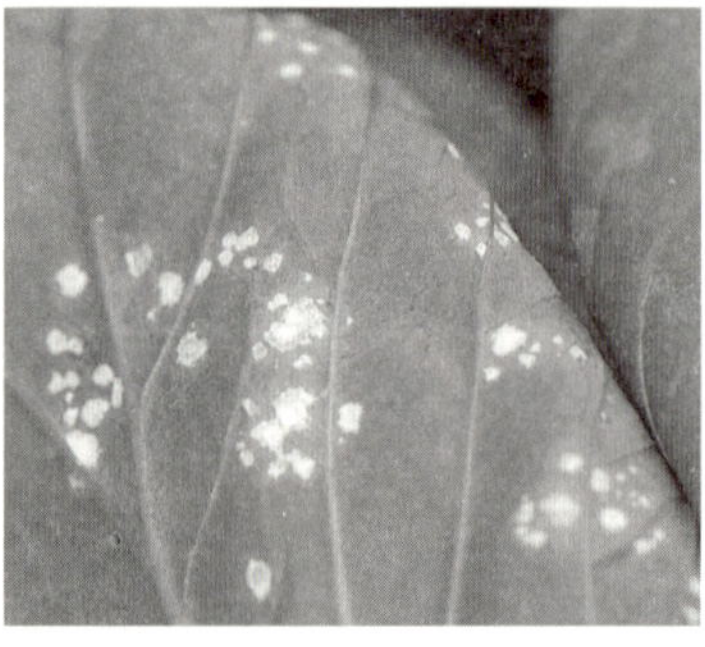

白さび病

あった葉は切り取って処分します。

Q4 葉にぽつぽつとした小さな穴があいています。

A アブラナ科野菜が大好物の害虫のうち、そのような食害痕を残すのは、キスジノミハムシの成虫です。体長約2㎜の小さな虫で、幼虫はカブやダイコンの根を食べるので、親子そろってのやっかい者です。

幼苗の被害がめだつので、目の細かい防虫ネットをかけて虫の飛来を防ぎます。

被害にあった葉は、多少穴があいていても成長すれば食べられます。

キスジノミハムシの成虫

Q5 コマツナを収穫したら、根にこぶのようなものがついていました。

A アブラナ科野菜の連作による根こぶ病です。コマツナのように短期間で収穫可能な種類はなんとか収穫までこぎつけますが、ハクサイやキャベツ、ブロッコリーなどの長期間の栽培が必要な種類は、発病すると致命的なので注意が必要です。

石灰窒素による土壌消毒、輪作、品種名に「CR」がついた抵抗性品種の利用、有機物の大量施用などの対策をたてます。〔根こぶ病については91ページ、Q3も参照してください〕

Q6 1～2月に何か作りたいのですが、何か栽培することができますか。

A コマツナのトンネル栽培はどうですか。寒冷期で最低気温が0℃以下の場合、露地での種まき、発芽は難しいので、穴のないポリトンネルで密封栽培をします。これで3℃以上の夜温を確保します。畝幅を100～120㎝とり、種は条間20～30㎝の4条まき。たっぷり水やりをしたあと不織布をべた掛けし、ポリトンネルで覆います。発芽まではトンネルを開けないこと。間引きと追肥は通常どおりです。収穫まで2か月くらいかかります。〔防寒資材については179ページ、Q6も参照してください〕

ミズナ

［アブラナ科］

早わかり！ 栽培のプロセス

1 種まき

小株どりの場合は1㎝間隔の条まきにする。大株どりの場合は株間30㎝の点まきにして、間引きを重ねて1本立ちにする。

2 間引き

双葉が開いたら3㎝間隔に間引いて土寄せ。大株どりの場合は、双葉が開いたときに3本に、本葉3～4枚のときに2本に、6～7枚のときに1本に間引いて土寄せ。

3 追肥

草丈7～8㎝のころに追肥と土寄せ。大株どりの場合は、1本立ちにしたときにもう1回追肥し、土寄せする。

4 収穫

草丈25㎝くらいで収穫する。大株どりは、株元が大きく張り出してきたら収穫できる。

! おさえたいポイント

軽い防寒で霜よけを行う

元肥

苦土石灰150g/㎡、堆肥2kg /㎡、化成肥料100g/㎡

追肥

化成肥料30g/㎡。小株どりは草丈7～8㎝くらいのときに1回、大株どりは1本立ちにしたときにもう1回

水やり

発芽するまでしっかり

連作アドバイス

1～2年はあける

難易度 易 中 難

栽培カレンダー

●種まき ○植えつけ ▲間引き+追肥 ■収穫
◆主な病気 ◇主な害虫 △その他

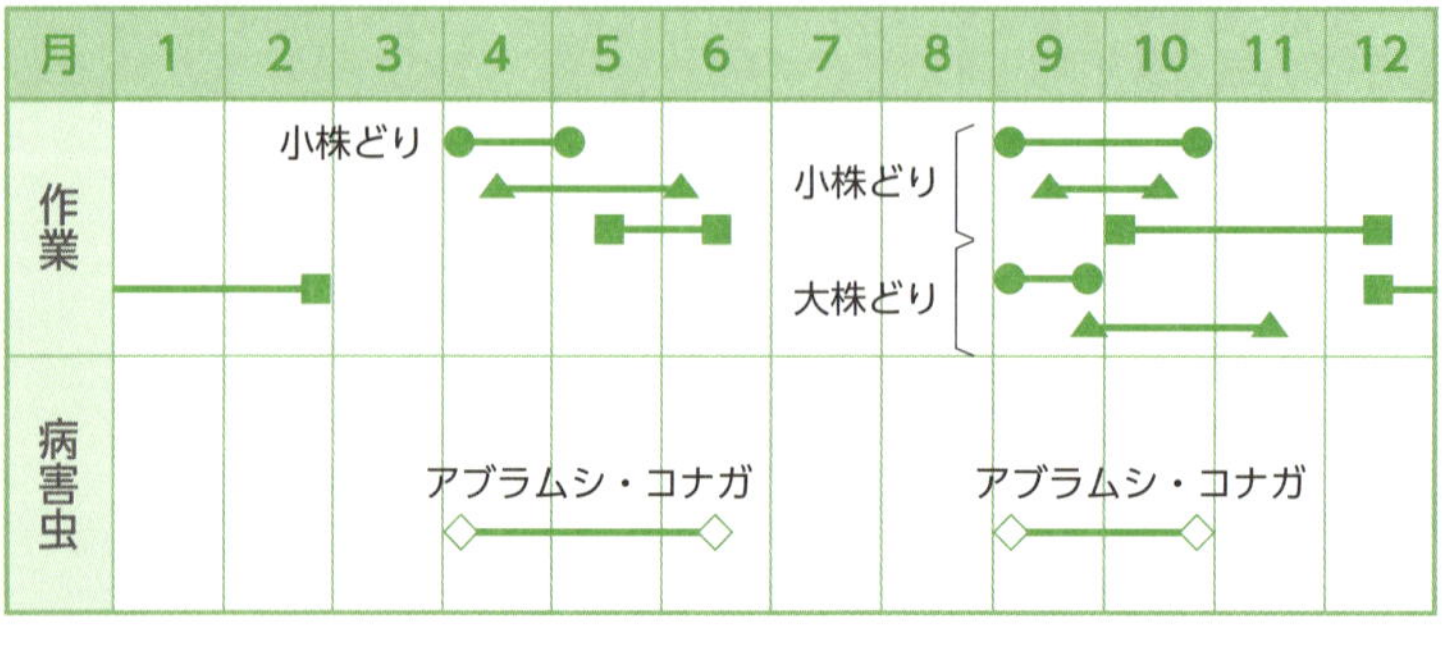

Q1 葉先が茶色くなりました。

A 寒さにあたったからだと思います。霜にあうとおいしくなるといわれる冬の葉もののなかで、ミズナは寒さがやや苦手。寒冷紗程度の軽い防寒でよいので、霜よけをしてやりましょう。

Q2 サラダなどで食べる場合の、収穫の目安は何ですか。

A ミズナの人気を一気に高めたのがサラダです。生食に向いた栽培法を「小株どり」と呼び、草丈25㎝くらいが収穫の目安です。また、草丈10㎝程度のころにベビーリーフとして刈り取って収穫することもできます。近年では、小株どりに適した品種も多数そろっています。

Q3 大株に育てるにはどうすればいいですか。

A ミズナはもともと、株元から数百本もの茎葉が分げつして、4～5kgの大株になることから「千筋京菜」ともいわれていました。「大株どり」の方法は次のとおりです。①種は30㎝間隔の点まき、1か所に7～8粒まきます。②双葉が開いたときに3本に、本葉3～4枚のときに2本に間引いて1回めの追肥をします。③本葉6～7枚のとき1本立ちにして2回めの追肥をします。④株元が大きく張り出してきたらいつでも収穫可能です。

株が大きくなれば、少しくらい寒さにあっても、中心に近い部分の葉は元気です。

Q4 ミブナの作り方を教えてください。

A ミブナ（壬生菜）は、ミズナの変異種で、葉がへら状になったものです。京都を代表する漬け菜で、一夜漬けや千枚漬けに利用されています。作り方はミズナの大株作りと同じです。大株に育てたほうが、味のよいものができます。

ミブナ

チンゲンサイ［アブラナ科］

早わかり！ 栽培のプロセス

1 種まき

1㎝間隔で種をまく。

2 間引き①

双葉が開いたら3 ～ 4㎝間隔に間引いて土寄せ。

3 間引き②、追肥①

本葉2 ～ 3枚になったら5 ～ 6㎝間隔に間引いて追肥と土寄せ。

4 間引き③、追肥②

本葉5 ～ 6枚になったら10 ～ 15㎝間隔に間引いて追肥と土寄せ。

5 収穫

葉の長さが10 ～ 15㎝になって、根元が張ってきたら収穫。

おさえたいポイント

株間を10 ～ 15㎝間隔に広げて株元を太らせる

元肥

苦土石灰100 ～ 150g/㎡、堆肥2㎏/㎡、化成肥料100g/㎡

追肥

化成肥料30g/㎡。2回め、3回めの間引き後の計2回

水やり

発芽まではしっかりと。乾きが激しいときは適宜水やり

連作アドバイス

1 ～ 2年あける

難易度 易 中 難

栽培カレンダー

●種まき ○植えつけ ▲間引き+追肥 ■収穫
◆主な病気 ◇主な害虫 △その他

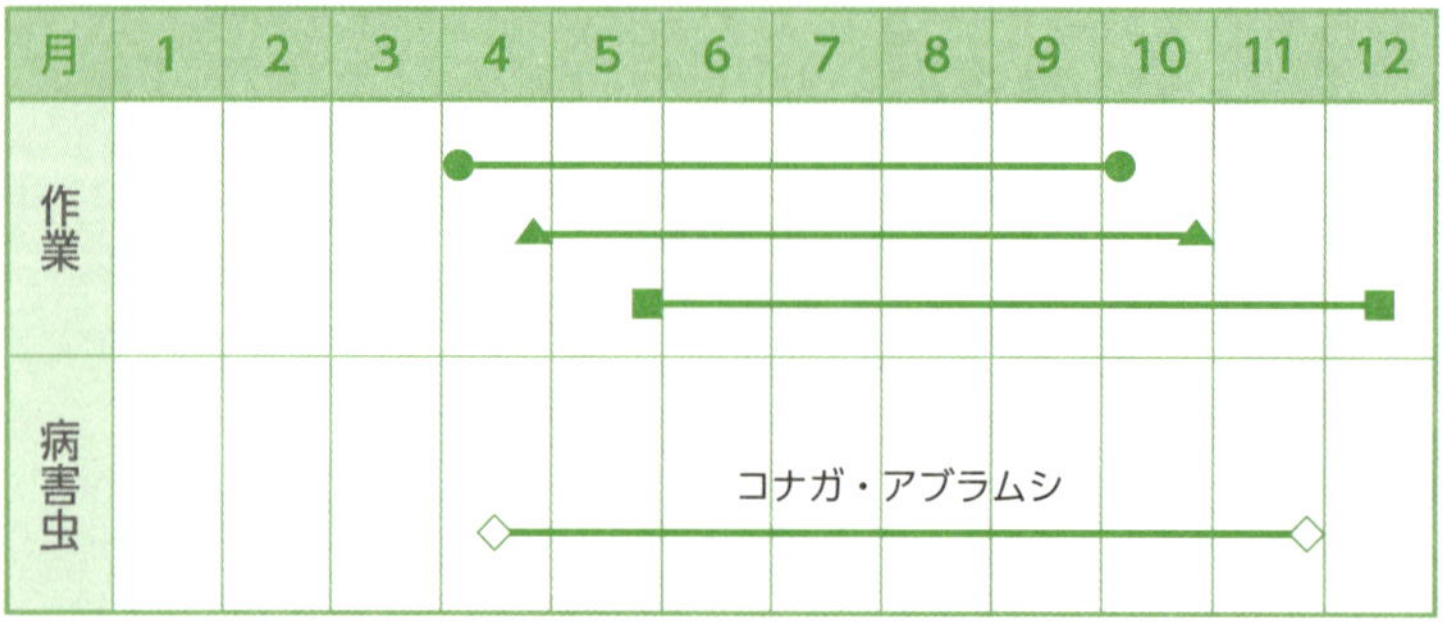

Q1 間引いた苗を移植したのですが、大きくなりません。

A 野菜のなかには、移植栽培のできるものとできないもの、また移植によるダメージが大きいものと小さいものがあります。ダイコン、ニンジンなどの直根類は移植不可、じかまきしかできません。移植可能な野菜のうちでも、キャベツやブロッコリーなどは移植によく耐えますが、チンゲンサイやコマツナは弱いといわれています。したがって、この場合は植え傷みが原因と考えられます。間引きのさいに根が切断されて、植え直して新しい根が伸びる前に生育が中断してしまったのでしょう。移植をするには、できるだけ根を切らないように、周囲から大きく掘り上げるようにします。また、株の大きさによって受けるダメージの程度も異なり、双葉から本葉1～2枚程度の小さな苗は比較的活着が容易です。高温期や乾燥期の移植も、株を傷める原因になります。〔移植については167ページ、Q12も参照してください〕

Q2 株元が張ってこないのはどうしてですか。

A 十分な株間をとっていますか。チンゲンサイは、最低株間が10～15㎝は必要です。1回めの間引きは双葉が開いたころ3～4㎝に、2回めは本葉が2～3枚のころ5～6㎝に、3回めは本葉が5～6枚のころ10～15㎝に間隔をあけながら育てます。株間が狭いと十分生育しません。また、2、3回めの間引き時に追肥を行い、生育を助けます。

Q3 少しずつ収穫していたら、最後のほうになって巨大化してしまいました。

A 大きさの目安はスーパーなどで売っているものを参考にするといいでしょう。

とり遅れると、株が老化してすが入って、味も歯ごたえもだいなしです。種まきから約45～50日が収穫適期です。

巨大化したチンゲンサイ

キャベツ

［アブラナ科］

早わかり！ 栽培のプロセス

1 種まき

ポットに4粒の種をまく。発芽したら3本に、本葉が2～3枚で2本に、本葉が4～5枚で1本にする。

2 植えつけ

株間40～45㎝間隔で植えつける。

3 追肥

植えつけの2週間後から2週間ごとに3～4回追肥を施して、土寄せする。

4 収穫

押してみて、かたく締まってきたら収穫する。

おさえたいポイント

葉を食害する害虫が多いので、防虫ネットが効果的

元肥

苦土石灰100～150g/㎡、堆肥2㎏/㎡、化成肥料100g/㎡

追肥

化成肥料30g/㎡。植えつけの2週間後から2週間に1回（合計3～4回程度）

水やり

植えつけ時にたっぷりと

連作アドバイス

2年はあける

難易度 易 **中** 難

栽培カレンダー

●種まき ○植えつけ ▲間引き+追肥 ■収穫
◆主な病気 ◇主な害虫 △その他

月	1	2	3	4	5	6	7	8	9	10	11	12
作業		●──	──●				●──	──●				
			○──	──○				○──	──○			
				▲──	──▲	■──	──■		▲──	──▲ ■──	────	──■
病害虫					◆── 菌核病	────	──◆		◆── 軟腐病	────	──◆	
					◇── アオムシ・コナガ・ヨトウムシ	────	──◇		◇── アオムシ・コナガ・ヨトウムシ	────	──◇	

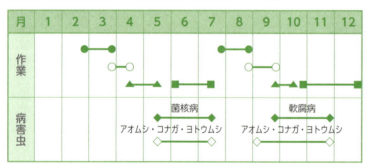

Q1 品種名についている「CR」「YR」って何ですか。

A 「CR」は根こぶ病抵抗性品種、「YR」は萎黄病抵抗性品種の略称です。どちらも、アブラナ科野菜の代表的な連作障害で、これらの病気に強いことを意味します。以前に発病したことのある畑では、抵抗性品種を選ぶと被害が軽減されます。しかし、抵抗性品種といえども万全ではないので、連作を極力避けて、計画的な輪作をするのが賢明です。

Q2 11月上旬、苗を買って植えたら、翌春、花が咲きました。

A その時期に出回る苗は、秋まき（晩秋植え）・春どりの作型ですね。もっとも作りやすい夏まき・秋どりのものに比べて、冬越しさせる分、難しいんですよ。

よいものを収穫するには、苗の大きさに気を配ってください。買った時点で葉が十数枚程度あると、寒さに反応して花芽ができ、翌春、とう立ちしてしまいます。葉が6～7枚程度なら、3月になると急激に成長して結球に至ります。葉の数がもっと少ないと、冬の寒さに負けて枯れてしまいます。越冬に向くのは、葉が10枚以下の株。植えつけ後、少し成長したところで冬を迎えるのが理想的です。

Q3 下葉が黄変して古い葉から枯れてきました。新しい葉だけが残っています。

A 植えつけ後2～4週間たってこのような症状がみられたのなら、萎黄病と考えられます。アブラナ科野菜の連作障害の一つで、葉の左右どちらかの片側だけが黄色くなって、カールしたように巻き始めます。最終的には枯れてしまう致命的な病気です。病葉を切り取ると、導管（水や養分の通り道）が褐色になっているのが特徴です。キャベツやブロッコリーの連作をしたり、23～28℃の高温期に多発しやすいので、夏まき野菜が要注意です。17℃以下では発病しないので、低温期に被害が減ります。

対策は、連作をしないこと。土中にカリ分が不足すると発生しやすくなります。被害株は抜き取って処分。病気が出た畑では、品種名に「YR」（萎黄病抵抗性品種）のつくものを選んで栽培しましょう。

Q4 2週間様子をみずにいたら、キャベツの葉がレース状になってしまいました。

A キャベツはとくに害虫の餌食になりやすく、葉脈を残して食べ尽くされてしまうこともあります。考えられる犯人はアオムシ、ヨトウムシ、コナガでしょう。ご質問の場合は、3種類の害虫が総合的に食べてしまったのだと思います。野菜の生育期は、これらの害虫の成育期でもあります。寒冷紗で覆って防除し、見つけたら捕殺します。

ガやチョウなどの鱗翅目の幼虫には、BT剤が効きます。納豆菌の仲間の微生物を利用した農薬で、環境にやさしく人体にも無害です。それにしても、2週間は放っておきすぎです。もう少し短い間隔で見回るようにしてください。

Q5 植えつけた苗が地上部から食いちぎられて、枯れてしまいました。

A ネキリムシの被害ですね。ネキリムシにはいくつかの種類があって、コガネムシやヨトウムシの幼虫などを総称したものです。根や茎を食いちぎってしまうので、株は成長できずにしおれて枯れていきます。レタスやキャベツ、ブロッコリーなどの葉菜類が被害にあいます。4～9月ごろに多く発生します。

被害にあった株元を掘り返して探し、見つけたら捕殺が原則です。

コガネムシの幼虫

ブロッコリー、カリフラワー
【アブラナ科】

早わかり！ 栽培のプロセス

1 種まき

ポットに4粒の種をまき、発芽したら3本に、本葉2～3枚で2本に、本葉4～5枚で1本にする。

2 植えつけ

生育に適した気温は15～20℃と、涼しい気候を好む。秋の植えつけ時は害虫に注意。

3 追肥

植えつけの2週間後から2週間ごとに追肥して土寄せ。

4 収穫

ブロッコリーは、頂花蕾の直径が10～15㎝になったら収穫し、側花蕾を育てるためにさらに追肥をする。側花蕾は直径が3～5㎝程度で収穫。カリフラワーは直径15㎝くらいで収穫する。

おさえたいポイント

大きな花蕾を収穫するために、適期に追肥

元肥

苦土石灰100～150g/㎡、堆肥2kg/㎡、化成肥料100g/㎡

追肥

化成肥料30g/㎡。植えつけの2週間後から2週間おきに

水やり

植えつけ時にたっぷりと

連作アドバイス

2年はあける

難易度 易 **中** 難

栽培カレンダー

●種まき ○植えつけ ▲間引き＋追肥 ■収穫
◆主な病気 ◇主な害虫 △その他

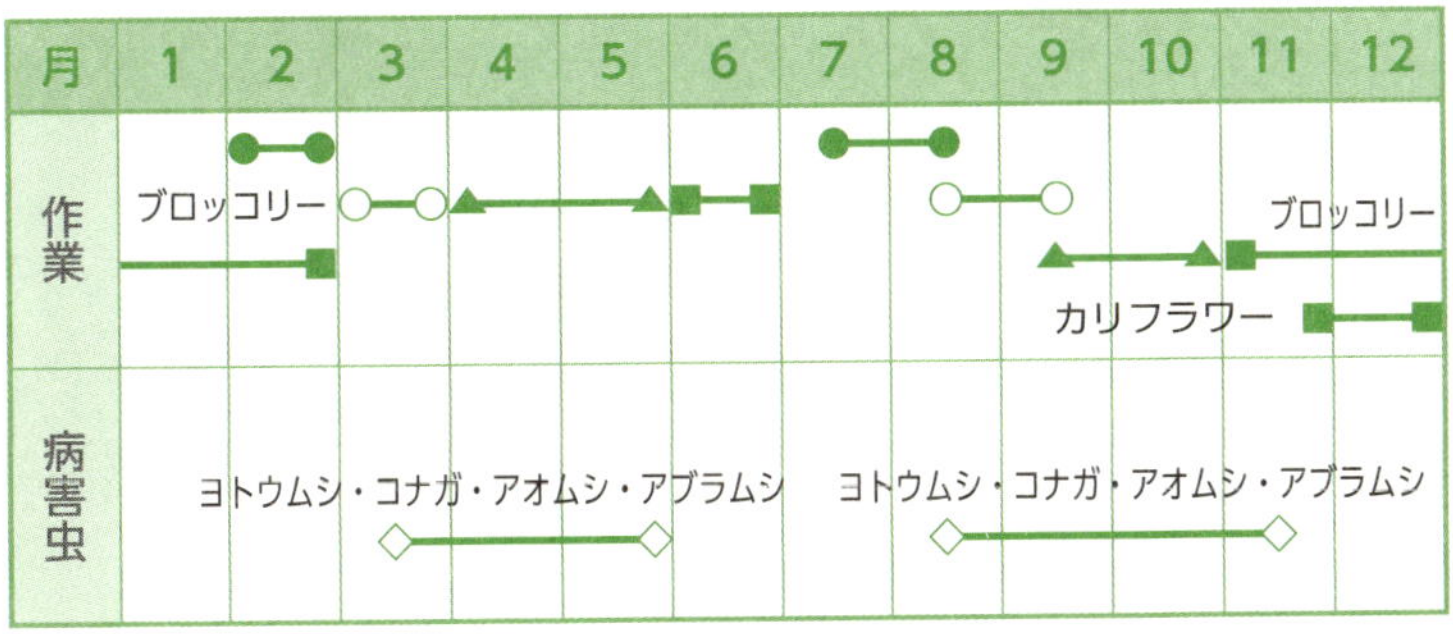

Q1 ブロッコリーの茎が曲がって倒れそうですが、このままでだいじょうぶですか。

A ブロッコリーは、草丈が50～60㎝に伸びるうえに、頭が大きく重いので、倒れやすいのです。台風などで横倒しになって、そこからまた上に伸びるけなげな株もよく見かけますね。倒れるのは、根元への土寄せが足りなかったからです。

追肥や中耕のついでに根元にしっかり土寄せしてやりましょう。倒れてしまった株も、まっすぐに直して土寄せします。株数が少ないときは、支柱で支えるのもよいでしょう。

Q2 ブロッコリーの花蕾が紫色になりました。これは病気でしょうか。

A 心配ありません。寒さのためにアントシアニンが発生して紫色を帯びたもので、品質にはまったく問題はありません。それに、ゆでるとアントシアニンが消失して緑色になります。どうしても緑色の花蕾に仕上げたいのなら、アントシアニンの発色の少ない品種を選ぶといいですよ。

寒さにあたると、外葉や花蕾が紫色を帯びる

Q3 ブロッコリーの花蕾が小さいのですが。

A おそらく植えつけの時期が早かったためでしょう。春先に保温せずに早まきした場合や、老化苗を低温期に早植えしたために起こる現象です。つまり株が十分に大きくなる前に低温にあって、花芽分化してしまったのです。ブロッコリーは冷涼な気候を好みますが、早まき、早植えは禁物。春まき栽培の場合、2～3月の種まき時には12℃以上の保温が必要です。この現象はカリフラワーにも当てはまります。小さい花蕾の成長を待っていると形が悪くなり、食味も落ちます。適期の種まきと定植がたいせつです。

Q4 ブロッコリーの側花蕾ができるのを待っていたのに、できずじまいでした。

A ブロッコリーはもともと頂花蕾のほかにわき芽（側花蕾）が伸びる性質がありますが、最近は品種の分化が進んで、頂花蕾どりの品種と頂花蕾・側花蕾どり兼用の品種があります。あらかじめ兼用品種であることを確認して栽培してもよいでしょう。

ご質問の場合は、頂花蕾の収穫後の肥料不足で、側花蕾が伸びなかったのかもしれません。側花蕾を育てるためには、頂花蕾の収穫後に追肥をしてやりましょう。また、頂花蕾は、茎の長さ15～20㎝を目安に切り取って、下葉を残すようにします。葉と下葉の間からわき芽が伸びるからです。

わき芽が伸びて側花蕾が成長する

Q5 カリフラワーの花蕾が白くなりません。

A クリーム色の強い花蕾は、日に当たったからです。花蕾ができるころから、まわりの葉で花蕾を覆って日を遮ってやると白いものができます。花蕾を隠すように葉を折ったり、葉を束ねて縛るとよいでしょう。

花蕾が直径7～8㎝になったら、花蕾を外葉で包む

外葉の株元の茎を折って包む

Q6 収穫のタイミングを教えてください。

A ブロッコリーもカリフラワーも、緻密でやわらかい花蕾を食べるハナヤサイです。花蕾が締まってまとまっているときがいちばんおいしいときです。花蕾全体が一回り膨張して、蕾の一つ一つがめだつようになると、とり遅れです。

ベビーリーフ

［アブラナ科、キク科など］

早わかり！ 栽培のプロセス

1 種まき

条間10～15㎝間隔でまき溝をつくり、1㎝間隔で種をまく。

2 間引き

双葉が開いたら3㎝間隔に間引いて土寄せする。

3 収穫

草丈が10～15㎝になったら、地際の成長点を残して葉を切り取る。

4 追肥

収穫後、追肥する。

おさえたいポイント

間引きや追肥などの管理がしやすい条まきがおすすめ

元肥

苦土石灰100～150g/㎡、堆肥2㎏/㎡、化成肥料100g/㎡

追肥

収穫後に化成肥料30g/㎡

水やり

種まき後にたっぷり

連作アドバイス

1～2年あける

難易度 易 中 難（易）

栽培カレンダー

●種まき ○植えつけ ▲間引き+追肥 ■収穫
◆主な病気 ◇主な害虫 △その他

月	1	2	3	4	5	6	7	8	9	10	11	12
作業				●━	━	━	━	━	━	━●		
作業				▲━	━	━	━	━	━	━▲		
作業				■━	━	━	━	━	━	━	━■	
病害虫				◇━	━	━	━	━	━	━◇		

病害虫：アブラムシ・コナガ

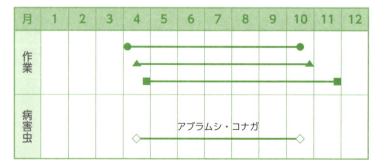

Q1 ベビーリーフに向くのはどんな野菜ですか。

A 葉を食べるアブラナ科、キク科の野菜が向いています。ほかに、ホウレンソウ、スイスチャードなどもよいでしょう。テーブルビートは根菜類ですが、葉柄が赤く美しいのでベビーリーフにすると見栄えがします。葉の色や形の違う野菜をいくつか育てると、見た目や食感の違いが楽しめます。イタリアやフランスでは、数種類の野菜の種をミックスしたものが出回っていて、「ムスクラン」と呼ばれています。

Q2 市販の野菜の種を使ってよいでしょうか。

A 種子消毒をしていないベビーリーフ用の種が市販されているので、これを使うとよいでしょう。十分成長した野菜を収穫するための野菜の種は種子消毒をしてあるものが多く、ごく若い葉を収穫するベビーリーフの場合は避けたほうがよいでしょう。

Q3 間引きのコツはありますか。

A 「ムスクラン」（複数の種をミックスしたもの）の場合は、いろいろな野菜がまんべんなく残るように間引きます。アブラナ科とキク科の野菜が混在している場合、アブラナ科野菜のほうが発芽が早く生育もよいので、発芽が遅いキク科野菜は成長競争に負けたり、間引かれてしまったりすることがあります。

アブラナ科とキク科の野菜は双葉の形が違うので見分けがつきます。葉の形や色に留意しながら作業を進めましょう。

上手に間引くといろいろな種類が楽しめる

Q4 害虫の被害で困っています。

A 冬の一時期を除いてほぼ周年栽培できて、手軽に楽しめるのがベビーリーフの特徴です。しかし、アブラナ科野菜が多いため、栽培期間を通じて害虫の被害を受けやすいのも特徴です。ベビーリーフは若い葉を食べるので、できれば薬剤に頼らず育てたいもの。種まき後から防虫ネットで覆うとよいでしょう。

ナバナ類

【アブラナ科】

早わかり！ 栽培のプロセス

1 種まき

1㎝間隔で種まきする。

2 間引き①

双葉が開いたら3 ～ 5㎝間隔に間引いて土寄せする。

3 間引き②、追肥①

本葉2 ～ 3枚になったら6 ～ 10㎝間隔に間引き、追肥、土寄せする。

4 間引き③、追肥②

草丈10 ～ 15㎝のころ15 ～ 20㎝に間引き、追肥、土寄せする。

5 収穫

日本在来ナバナ、西洋ナバナは、蕾がふくらんで開花する前に摘み取る。中国系ナバナは花が1 ～ 2輪咲いたころに折り取って収穫する。

6 追肥③

収穫が始まったら2週間おきに追肥。

おさえたいポイント

適期の種まきで株を大きく育て、花茎をたくさん伸ばす

元肥

苦土石灰100 ～ 150g/㎡、堆肥2㎏/㎡、化成肥料100g/㎡

追肥

化成肥料30g/㎡。2回めと3回めの間引き後と、収穫が始まったら2週間おきに追肥

水やり

花茎が伸び始める春に、適宜水やり

連作アドバイス

1 ～ 2年あける

難易度 易 **中** 難

栽培カレンダー

●種まき ○植えつけ ▲間引き+追肥 ■収穫
◆主な病気 ◇主な害虫 △その他

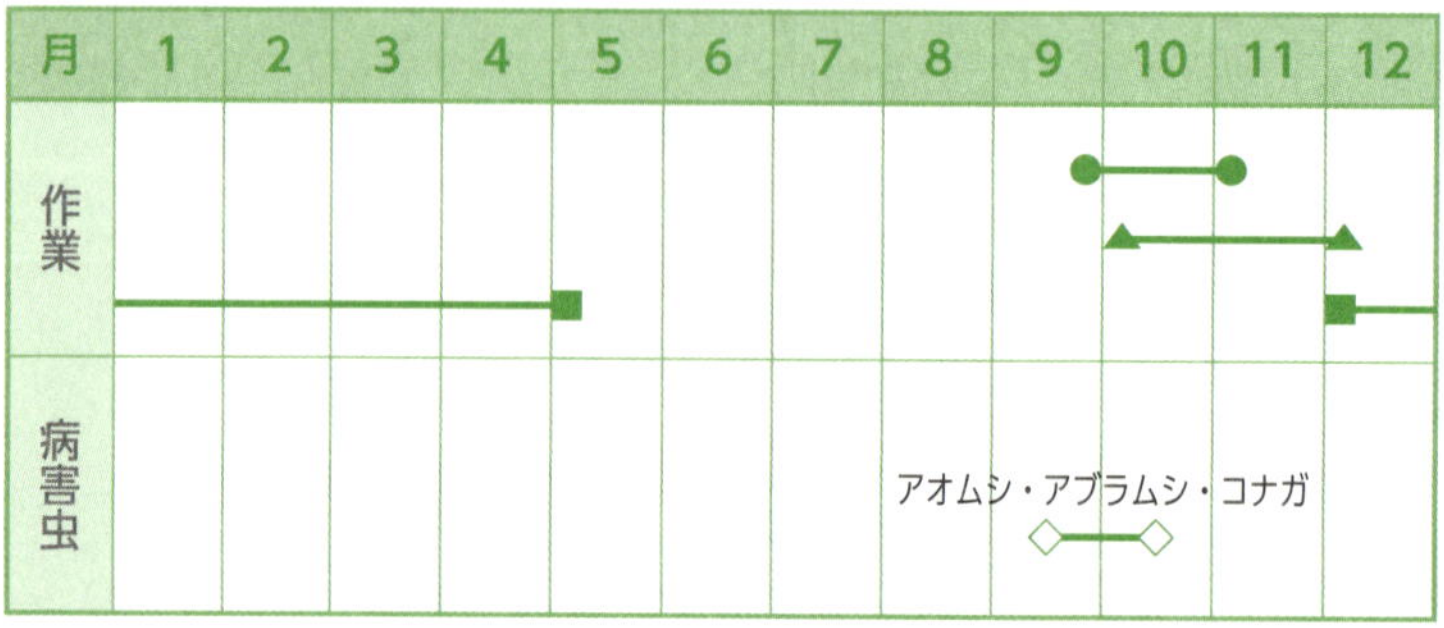

Q1 同時期に種をまいても収穫時期が異なるのは、品種の違いなのでしょうか。

A ナバナとは、花茎や花蕾がおいしいアブラナ科の野菜の総称です。いくつかの系統があり、温度にたいする反応の違いによって、収穫時期が少しずつ異なります。

①**中国系ナバナ**　コウサイタイ、サイシン、オータムポエムなど、おもに中国生まれのナバナです。寒さにあわなくてもとう立ちするので、年内から収穫できます。花が1～2輪咲いたところで収穫します。開花が進むと花茎がかたくなります。

②**日本在来ナバナ**　カブ、ハクサイの仲間で、日本で古くから栽培されています。葉は黄緑色で独特のほろ苦さがあり、2月下旬～4月上旬が収穫期です。開花前のやわらかい蕾のうちに収穫します。

③**西洋ナバナ**　キャベツ類と日本在来ナバナが交配したもので、葉は緑色で肉厚。収量が多く、甘みがあります。収穫適期は3月下旬～5月上旬ともっとも遅く、とうが伸び始めたところで収穫すると、花茎と葉もやわらかです。のらぼう菜、三陸つぼみ菜などがあり、最近はヨーロッパなどから新品種も導入されています。

Q2 発芽後、害虫の被害にあいました。

A 10月上～中旬までは、アブラムシ、アオムシなどの害虫の被害を受けやすいので、防虫ネットをかけて防除するとよいでしょう。種まきの直後に畝全体を覆い、害虫の侵入を防ぎます。草丈がトンネルの天井に届くようになったら外し、寒さにあてます。

Q3 花茎が細いうえ、少ししかとれませんでした。

A 冬が来る前にしっかりとした大株に育てておくことが、春先の花茎の質と数を決めます。そのためには、種まきの適期を逃さないこと。種まきが遅いと、株がしっかり育つ前に冬になってしまい、春になっても細い花茎しかできず、数も少なくなります。

また、株間が狭いと大株になりにくいので、間引きを繰り返して15～20㎝間隔にします。

キャベツの仲間

【アブラナ科】

早わかり！ 栽培のプロセス

1 種まき

ポットに4粒の種をまく。発芽したら3本に、本葉2～3枚で2本に、本葉4～5枚で1本にする。

2 植えつけ

苗を植えつける前と後に、たっぷりと水やりする。

3 追肥

植えつけの2週間後から2週間ごとに追肥して土寄せ。継続収穫をするケールと芽キャベツは、収穫がスタートしても追肥と土寄せを続ける。芽キャベツは下葉をかいて芽球を成長させる。

4 収穫

芽キャベツは芽球の直径が2～3㎝になったら収穫適期。ケールは葉の長さが30～40㎝になったら収穫する。コールラビは地ぎわの茎の直径が5～6㎝になったら収穫する。

！ おさえたいポイント

アオムシやコナガなどの害虫に注意

元肥

苦土石灰100g/㎡、堆肥2kg /㎡、化成肥料100g/㎡

追肥

化成肥料30g/㎡。植えつけの2週間後から2週間おきに

水やり

植えつけ時と乾燥時

連作アドバイス

1～2年はあける

難易度 易 **中** 難

栽培カレンダー

●種まき ○植えつけ ▲間引き+追肥 ■収穫
◆主な病気 ◇主な害虫 △その他

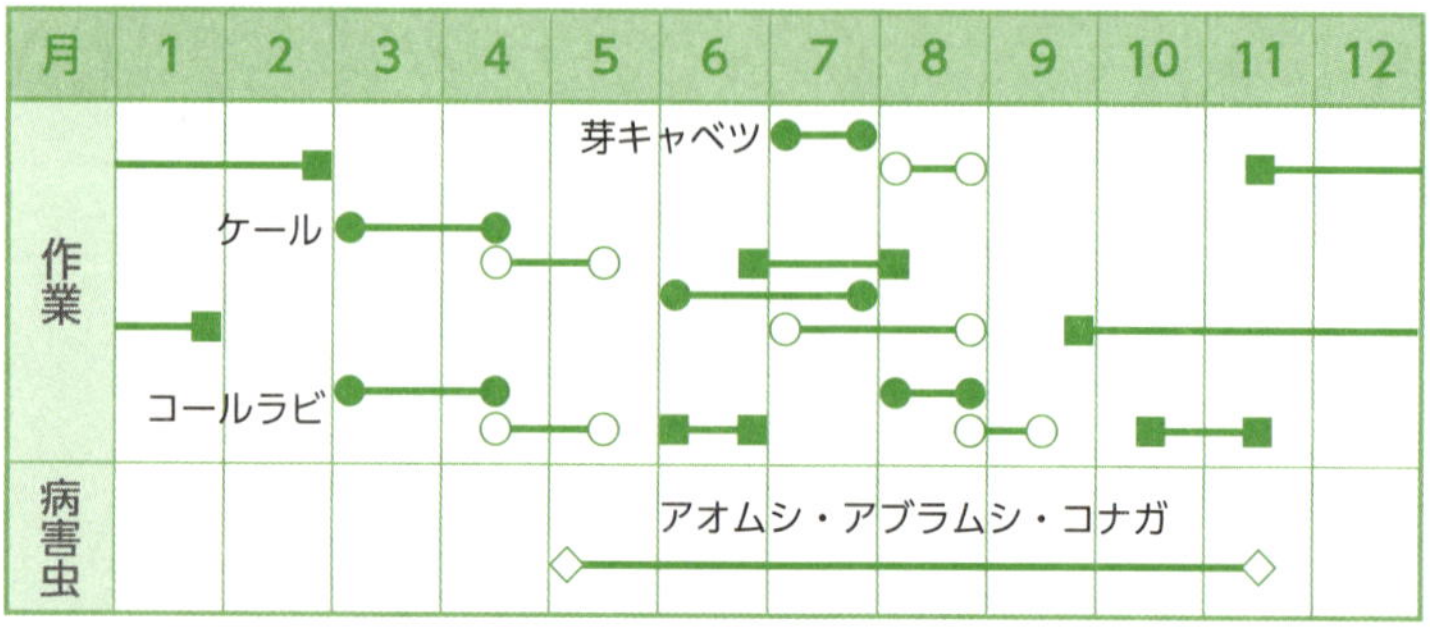

Q1 芽キャベツが収穫できません。

A 芽キャベツはキャベツの変異種で、直径2～3㎝の小さなキャベツのような芽球が茎にびっしりとつきます。

寒さには強いものの、暑さにはとくに弱いので、高温期は栽培できません。7月に種をまいて8月に定植、11月中旬～翌年2月にかけて収穫する作型が作りやすいでしょう。

芽球が育たない要因には、摘葉の不足が考えられます。芽球は、葉のつけ根にあるわき芽が成長したもので、大きく育てるためには下から葉をかき取ってやらなければなりません。いちどに4～5枚程度、株の成長とともに上へ上へと葉を摘み取り、最終的に上部の10枚くらいを残してすべてかき取ります。

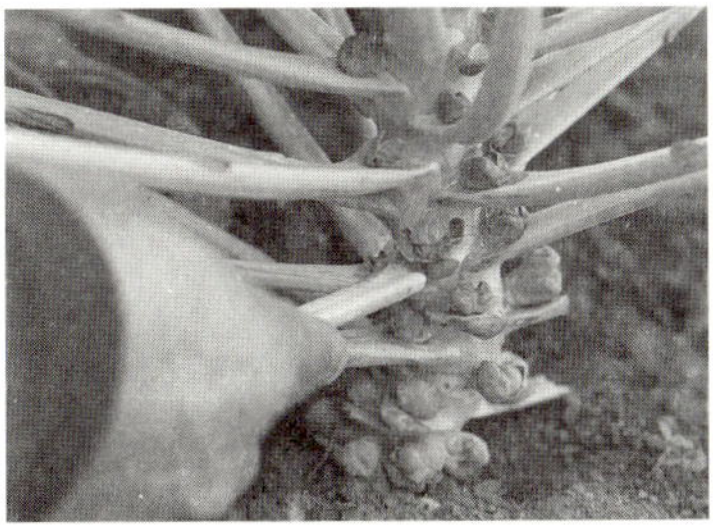
下から葉をかき取り、芽球を育てる

Q2 芽キャベツの収穫の目安を教えてください。

A 芽球の直径が2～3㎝くらいになって、かたく締まってきたときが収穫の適期です。つけ根から切り取ります。その後、下葉かき（摘葉）と追肥でさらに上部の芽球を成長させます。

つけ根からハサミで切り取る

Q3 ケールはいつ収穫すればいいのですか。

A 健康ジュースの材料として、ケール人気は続いています。いつでも収穫できそうでいて、いつが最適期なのか判断しにくいこともあるでしょう。収穫は、葉の長さが30～40㎝くらいになったときです。葉が完全に開いて、緑色が濃くなってくれば栄養価もピーク。

必要な分だけ外葉をかき取り、収穫後は追肥をします。コップ1杯のジュースを作るには、葉3枚が目安ですが、いちどにたくさんとりすぎると株が弱るので、ほどほどに。

Q4 ケールにはどんな品種があるのですか。

A ケールは非結球性のキャベツで、より原種に近い種類です。

ケールには、スコッチケール、シベリアンケール、コラードなどの系統があります。スコッチケールは、葉が灰緑色で縮みやしわが多いタイプ。シベリアンケールは、葉が青緑色でしわが少ないタイプ。晩生種で寒さに強いのも特徴です。わが国でいちばん広まっているのが、コラードです。結球前のキャベツに似て、丸くてしわのない葉を持っています。

Q5 コールラビの根元が大きくなりません。

A 地ぎわの茎がカブのように大きく太った姿から「カブカンラン」（カンランとはキャベツのこと）ともいわれ、これでもキャベツの仲間です。肥大しない原因の一つは、乾燥と肥料切れです。根元が肥大する時期には、多くの栄養と水分を必要とします。追肥の適期を守ること。乾燥が続くときは水やりで補います。また、株間を20㎝にすることもだいじです。

Q6 コールラビはいつ収穫すればいいのですか。

A 球の直径が5～6㎝になればいつでも収穫できます。ただし、緑色品種は、外皮が灰緑色になってきたらとり遅れです。組織がかたくなり、品質も低下します。紫色品種は、紫色があせてきたら遅れぎみ。繊維が若く、やわらかくておいしいうちに味わってください。

組織が若いうちに食べる

ネギ【ヒガンバナ科】

早わかり！ 栽培のプロセス

1 植えつけ
深さ20～30㎝、幅15㎝の溝を掘って苗を植えつけ、わらをたっぷりと入れる。

2 追肥①、土寄せ
植えつけから約1か月後、追肥をして溝に土を入れる。

3 追肥②、土寄せ
1か月後、追肥をして、緑の葉と白い部分の境（分げつ部）まで土を寄せる。

4 追肥③、土寄せ
1か月後、追肥をして分げつ部まで土を寄せ上げる。畝が崩れないように土手の土を固める。

5 追肥④、土寄せ
1か月後、最後の追肥と土寄せ。

6 収穫
最後の追肥から3週間以上たったら、収穫スタート。

おさえたいポイント

少しずつていねいな土寄せで葉鞘部を白く育てる

元肥
不要

追肥
化成肥料30g/㎡。定植1か月後から月1回、合計4回

水やり
種まきからの場合、発芽まではまめに水やり。あとは乾きが激しいときのみ

連作アドバイス
1年はあける

難易度 中～難

栽培カレンダー

●種まき ○植えつけ ▲間引き+追肥 ■収穫
◆主な病気 ◇主な害虫 △その他

月	1	2	3	4	5	6	7	8	9	10	11	12
作業	―	―■					○―	―○ ▲―	―	―▲	■―	―
病害虫							◆―（べと病・赤さび病） ◇―（アブラムシ）	―	―	―	―	―◆
											―◇	

Q1 種から育てましたが、うまくいかず、苗が7㎝くらいで消えてしまいました。

A ネギは発芽が第一ポイントです。とにかく乾燥に弱いので、保湿が重要。種まき後は十分に水をやったのち、不織布のべた掛けか寒冷紗、または刻んだわらをかけて湿りけを保ちます。発芽までは毎日水やりをするのがベストです。

また、初期生育が遅いので、うっかり1週間くらい放っておくと、雑草のほうが元気よく伸びていることも。雑草の陰になって溶けてしまうこともあります。これを「雑草に負ける」といいます。ご質問のケースはこれではないでしょうか。発芽ののちは除草に努めることが第二のポイント。草丈10㎝くらいで追肥と土寄せをします。その間も除草は続けてください。

Q2 植えつけ時に元肥が不要なのはなぜですか。

A 根深ネギは、深さ20～30㎝、幅15㎝程度の溝を切って苗を植え、苗が倒れないように稲わらなどで押さえるのが一般的なやり方です。ネギ農家では機械で深く掘り起こして元肥を入れることもありますが、家庭菜園の場合は、元肥を入れると土がやわらかくなり、溝を切るのが難しくなります。また、何より優先される根の活着には肥料分がいらないこと、生育がゆっくりなので元肥よりも追肥と土寄せで徐々に育てるやり方がネギには合っていること、などから私は元肥なしで育てる方法を指導しています。

Q3 よい苗の選び方を教えてください。

A 種から育てるのはやや難しいので、時期になったら苗を購入するのもおすすめです。よい苗とは、直径1㎝以上で長さ30～40㎝のまっすぐなものです。

Q4 わらが手に入りません。代用品はありますか。

A 刈り草やトウモロコシの茎を干して使うこともできます。トウモロコシは、根を取り除いてよく乾燥させておきます。〔トウモロコシについては54ページ、Q7も参照してください〕

Q5 土寄せしてもすぐに崩れてしまいます。

A ネギは成長がゆっくりなので、何回にも分けた追肥と土寄せで少しずつ育てることが重要なのですが、せっかく寄せ上げても風雨にさらされて崩れてくるのはやむをえないことです。てっぺんを平らにした台形状に寄せ上げると、崩れにくい畝になります。表面を鍬でよく押さえて圧着させるとなおいいでしょう。

また、生育に葉が重要な役割を果たすので、できれば葉を折ったり、埋めたりしないほうがいいですね。土寄せをするときには、葉を持ち上げて、ていねいに寄せ上げましょう。

Q6 曲がったものしかできません。

A どこかの時点で曲がってしまったんですね。まっすぐな苗を選ぶこと、まっすぐに植えつけること、植えつけ時に倒れやすいのでわらで押さえることがたいせつです。

Q7 上手な保存法はありませんか。

A 冬場は成長が鈍るので、そのまま畑に植えておけば春までもちますよ。枯れた外葉をはがせば内部はみずみずしいままです。畑のやりくりで収穫しなければならない場合は、日陰に穴を掘って生けておいたり、植木鉢に生けて日陰に置く方法もあります。

Q8 温暖地のため、根深ネギが作れません。

A 根深ネギは寒さには強いのですが、暑さに弱いため、栽培が難しい地域があります。それなら、葉ネギを作ってみてはいかがでしょうか。暑さに強く、狭い場所でも作れて土寄せが不要なので、根深ネギより簡単です。①コマツナなどの葉野菜と同様に、元肥、畝立てののち、種を1㎝間隔でまきます。②草丈3～5㎝のとき3㎝間隔に、10～15㎝のときに5㎝間隔に間引いて、化成肥料30g／㎡を追肥します。③作業のたびに土寄せします。④草丈40～50㎝で収穫です。

タマネギ

【ヒガンバナ科】

早わかり！ 栽培のプロセス

1 植えつけ
黒色のポリマルチを敷いて、根元の直径7～8㎜、長さ25～30㎝の苗を植えつける。ポリマルチを使わなくても栽培は可能。

2 追肥①
2～3月になったら追肥をして、株元に軽く土寄せする。

3 追肥②
3～4月になって玉がふくらみ始めたら、追肥を施す。

4 収穫
全体の7～8割の茎が倒れ始めたら収穫。

おさえたいポイント

ネギ坊主（とう立ち）を防ぐには苗の選別がポイント

元肥
苦土石灰100g/㎡、堆肥2kg/㎡、化成肥料100g/㎡、溶リン50～60g/㎡

追肥
化成肥料30g/㎡。2～3月と3～4月の合計2回

水やり
種から始めるときは、発芽までは毎日。以後はとくに不要

連作アドバイス
1年程度はあけたほうが無難

難易度 易 **中** 難

栽培カレンダー

●種まき ○植えつけ ▲間引き+追肥 ■収穫
◆主な病気 ◇主な害虫 △その他

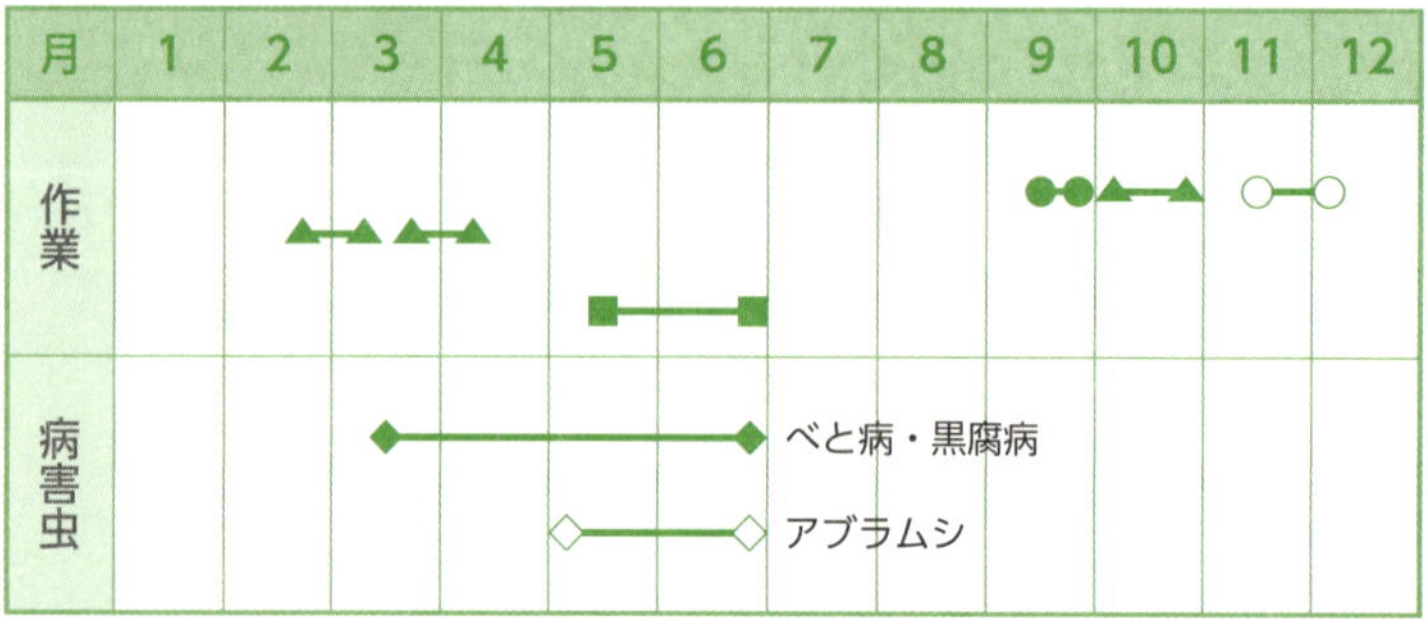

Q1 種から育てましたが、いい苗ができません。

A 私が指導している苗づくりのやり方は次のようなものです。元肥と追肥の資材と分量は、植えつけ時と同じです。①畝幅を80～100cmとり、全面施肥で元肥を入れます。高さ10cm程度の平畝をつくって、条間15cmで種をまきます。②覆土、水やりののち不織布でべた掛けします。発芽までは毎日水やり。③発芽後はべた掛けを外して込み合ったところを間引きながら、2週間に1回の追肥と土寄せで草丈25～30cmまで育てます。育苗中は除草に努めてください。

Q2 苗選びのポイントは何ですか。

A タマネギの苗は、太くて立派なものじゃだめなんです。目安は根元の直径が7～8mm程度の鉛筆の太さくらい、長さは25～30cmくらいがベストです。植えつけ時の苗の太さと春先のとう立ち（ネギ坊主）には関係があります。すなわち、根元の太さが1・5cm以上だと、冬の寒さに反応して花芽分化を起こしてとう立ちします。

また、太さ3mm程度の細いものだととう立ちはしないものの、霜柱で浮き上がって枯れることが多いのです。玉は太るけれどとう立ちさせないことが、タマネギ作りのかなめです。

根元の直径は7～8mmがベスト

Q3 初夏、葉が倒れてきて心配です。

A 5～6月のことなら、心配無用。収穫OKというタマネギからの合図です。玉が十分肥大すると、葉は役割を終えて根元から倒れてきます。全体の7～8割の株が倒れてきたときが収穫の適期です。

Q4 ポリマルチをしなくてもできますか。

A できますよ。タマネギ栽培でマルチを使うのは、防寒のためでもありますが、単位面積当たりの収量を上げるためです。マルチを敷くと、雨で土壌の養分が流出する割合が小さくなるので、株間、条間とも狭くてすむのです。また、除草の手間を省くという意味もあります。寒さに強いタマネギはマルチなしでも十分。2条植えの場合は畝幅を75㎝とし、条間を30㎝程度あけて、長ネギよりも浅い溝を南側に日が当たるように2条掘り、苗を立てかけるように植えます。株間は12～15㎝間隔に。追肥や収穫のタイミングは同じです。春先は除草に努めてください。

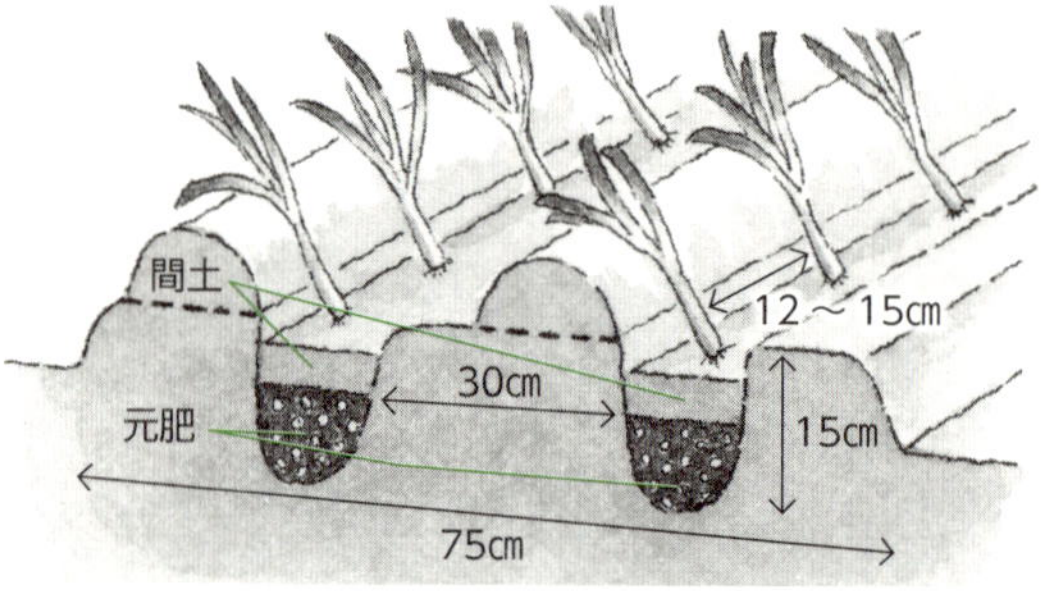

Q5 霜柱で玉が浮き上がってきました。このままにしておいていいのでしょうか。

A ポリマルチを使わないやり方ですね。土壌凍結のある地域では、1～2月になると霜柱が立って玉が浮いてきます。株元を軽く踏んで、霜柱をつぶして押さえます。

凍結は乾燥をもたらします。このまま放置すると水分不足で枯れてしまいます。

Q6 ネギ坊主は早めに引き抜いたほうがいいのですか。

A 見つけしだい抜いたほうが無難です。開花、結実するために養分を使っていますから、品質が低下し、味の点では今ひとつです。

花が咲くまでおくと玉はスカスカになりますが、ネギ坊主が小さいうちなら食べることができます。

見つけしだい抜く

Q7 長く保存する方法を教えてください。

A 保存法は品種によって違います。5月中旬の早生種は貯蔵性がよくないので、早めに食べてください。6月上旬から収穫する晩生種は貯蔵性が高いので、「つり玉貯蔵」で冬まで保存が可能です。収穫したら半日ほど畑に並べて軽く乾燥させたのち、葉を切らずに5個程度をまとめてひもの両端に縛ってつるします。雨の当たらない日陰、風通しのよい北向きのベランダやガレージの中などが保存場所に適しています。また晩生種であっても、貯蔵性を高めるためには玉を大きくしないことがだいじです。葉が倒れたらすぐに収穫します。

つり玉貯蔵

Q8 ホームタマネギって何ですか。

A タマネギの子球（球根）を栽培する方法を「オニオンセット栽培」といいます。園芸店では、これを「ホームタマネギ」という名前で販売しているのです。タマネギは栽培期間が長く、種から育てるとさらに日数がかかります。ホームタマネギの特徴は、収穫期間が短いことです。8月下旬～9月上旬に植えつければ年内収穫も可能。秋植えで翌春に収穫できます。植えつけは、先端が見えるよう浅く植えます。過湿に弱いので極端な乾燥以外は水やり不要。追肥や収穫のタイミングはふつうのタマネギと同じ。栽培期間が短く、苗づくりの失敗もないのでおすすめです。

コンテナでも簡単に作れるホームタマネギ

ニンニク

［ヒガンバナ科］

早わかり！ 栽培のプロセス

1 植えつけ

元肥に溶リンを加える。芽の出るところを上に向けて植えつける。

2 追肥①

3月下旬に芽が成長を始めたら、追肥と土寄せ。

3 追肥②

4月下旬に2度めの追肥。球根が肥大しやすいように、中耕を兼ねて土寄せする。

4 わき芽かき

草丈15㎝くらいになったら、わき芽をかいて1本立ちにする。

5 花蕾摘み

初夏にとう立ちしてきたら、蕾のうちに摘み取る。

6 収穫

全体の3分の2くらいの茎葉が黄変してきたら収穫

おさえたいポイント

わき芽と花茎を取って、種球（球根）を肥大させる

元肥

苦土石灰100g/㎡、堆肥2kg /㎡、化成肥料100g/㎡、溶リン50 ～ 60g/㎡

追肥

化成肥料30g/ ㎡。3月下旬と4月下旬の合計2回

水やり

植えつけ時と乾燥時

連作アドバイス

2 ～ 3年はあける

難易度 易 **中** 難

栽培カレンダー

●種まき ○植えつけ ▲間引き+追肥 ■収穫
◆主な病気 ◇主な害虫 △その他

月	1	2	3	4	5	6	7	8	9	10	11	12
作業			▲―	―▲		■―	―■		○―	―○		
病害虫						心配なし						

Q1 スーパーで買ったニンニクを植えましたが、芽が出てきません。

A 食用に買い求めたニンニクは、植えても発芽しないことがあります。長もちさせるために、発芽を抑制する処理を施しているものもあるからです。植えつけるなら、栽培用の種球を求めてください。

Q2 わき芽はかき取らなければならないのですか。

A 草丈15㎝くらいになったら、わき芽をかき取って1本立ちにします。種球に養分が集中して、大きなよいものができるのです。

Q3 収穫の目安と保存法を教えてください。

A 葉が半分以上黄変してきたら、晴天の日を選んで収穫します。根を切って2〜3日天日干ししたのち、10球ずつ葉を束ねて風通しのよい乾いたところに干しておきます。

Q4 収穫した球根は翌年植えつけることができますか。

A 本来は、毎年ウイルスフリーの球根を買うのが望ましいのですが、よく太って病気に侵されていないものであれば植えつけることもできます。

Q5 プランターでも作れますか。

A 畑と同様に作ることができます。ただし、乾燥に弱いので水やりを忘れずに。

Q6 無臭ニンニクって何ですか。

A リーキ（西洋ポロネギ）のことです。葉がニンニクのように平らな長ネギの仲間で、本来は白い葉鞘の部分を食用にします。ところが、冬越しさせてとう立ちした株を掘り上げると球根ができていて、これをニンニクのように利用できることから、「無臭ニンニク」という名で苗が出回るようになりました。作り方はネギと同じ。深い溝を掘って土寄せしながら育てます。

ニラ

［ヒガンバナ科］

早わかり！ 栽培のプロセス

1 植えつけ

株間25 ～ 30㎝として苗を植えつける。1株当たり5～6本の苗があってもよい

2 追肥

植えつけの1か月後から2週間ごとに追肥し、株を充実させる。1年めの秋は収穫を控えて、晩秋に枯れた葉を刈り取る。

3 収穫

2年めの春に伸びた葉の長さが20㎝くらいになったら、株元から4 ～ 5㎝を残して刈り取る。収穫期は春と秋。

4 摘蕾

夏は株を休ませ、とう立ちした花茎は摘み取る。

おさえたいポイント

まめな追肥で新葉を伸ばす。収穫は2年めから

元肥

苦土石灰100g/㎡、堆肥2kg /㎡、化成肥料100g/㎡

追肥

化成肥料30g/㎡。植えつけの1か月後から2週間に1回

水やり

植えつけ時と極端な乾燥期にたっぷり

連作アドバイス

4 ～ 5年は同じ畑で栽培可能。株分けなどで植えかえる場合は、2 ～ 3年はあける

難易度 **易** 中 難

栽培カレンダー

●種まき　○植えつけ　▲間引き+追肥　■収穫
◆主な病気　◇主な害虫　△その他

月	1	2	3	4	5	6	7	8	9	10	11	12
作業						○	○					
		2年め以降		■	■	■			■	■		
病害虫				◆	◆	◆	べと病		◆	◆	べと病	
				◇	◇	◇	アブラムシ		◇	◇	アブラムシ	

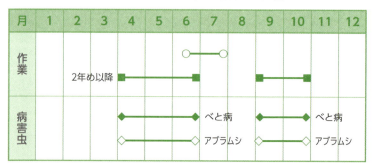

Q1 栽培サイクルを教えてください。

A もっとも作りやすい作型は、6月中旬～7月下旬に苗を植えつけて翌年の4月から収穫するものです。株を充実させるために、1年めの秋の収穫はあきらめます。非常に耐寒性が強く、冬は休眠状態で越冬し、春に伸びたやわらかい新葉を刈り取ります。いちど植えれば数年はそのまま。春と秋に2～3度ずつ収穫できます。

Q2 質のよい葉を作るコツはありますか。

A 適期の追肥で育てることです。まず、植えつけの1か月後から2週間おきに追肥を行います。伸びてきた葉は収穫せずに、晩秋に枯れてきた葉を刈り込みます。2年めの春に新葉が伸びてきたところで追肥をして、株に勢いをつけます。草丈20～30㎝になったら、地上部を4～5㎝残して刈り取って収穫します。その後は、2～3週間程度で次の葉が伸びてくるので、2週間に1回の追肥で葉を育てます。

Q3 とう立ちしてきました。

A 夏になるととう立ちします。株を疲れさせないために、早めに花茎を摘み取ります。若いとう立ちした花茎は、やわらかくて食べられます。

なお、やわらかい花茎を食べる花ニラは、葉ニラとは別品種です。また、夏に収穫すると株を消耗させるので、収穫も休み。

秋になってみずみずしい葉が伸びてきたら、収穫再開です。

Q4 葉の幅が狭くなってきました。

A 植えつけ後何年くらい経過したのでしょうか。3～4年繰り返し収穫していると、地中の球根の密度が高くなって株が弱ってきます。葉の幅が細くなるのはその兆候です。根元が込み合ってくるのも合図の一つです。株分けをして植え替えましょう。株分けの適期は春か秋。株ごと掘り上げて球根を分け、4～5本ずつまとめて植えつけます。

アスパラガス

【キジカクシ科（クサスギカズラ科）】

早わかり！ 栽培のプロセス

1 植えつけ

長く栽培するので植える場所を考慮する。3～4月が適期。

2 支柱立て

夏になると茎葉が高く茂るので、支柱とひもで周囲を囲む。

3 追肥①

植えつけの1か月後から月1回追肥して土寄せする。1～2月は不要。

4 追肥②

初冬に地上部の葉が枯れたら地ぎわで刈り取り、堆肥をたっぷりとかぶせる。

5 肥培管理

株の成長に合わせて、初冬に堆肥、春から秋に化成肥料を施し、夏に支柱立てというサイクルを繰り返す。

6 収穫

3年めの春、伸びてきた新芽を収穫する。収穫期間を決めて、その後出てきた新芽は翌年のために残しておくと、株の勢いが持続する。

おさえたいポイント

植えつけて3年めから収穫スタート、10年は楽しめる

元肥

苦土石灰100g/㎡、堆肥2kg/㎡、化成肥料100g/㎡

追肥

化成肥料30g/㎡、堆肥2kg/㎡。植えつけの1か月後から月1回の化成肥料。1～2月は不要。晩秋に堆肥をたっぷり

水やり

植えつけ時

連作アドバイス

宿根性なので、約10年は栽培可能。植えかえる場合、2～3年はあける

難易度 中～難

栽培カレンダー

●種まき ○植えつけ ▲間引き+追肥 ■収穫
◆主な病気 ◇主な害虫 △その他

月	1	2	3	4	5	6	7	8	9	10	11	12
作業			○	○						▲	▲ 堆肥	
			▲			▲	化成肥料					
			3年め以降	■		■						
病害虫						◆	茎枯病			◆		
					◇	ヨトウムシ・マメコガネ・ナメクジ				◇		

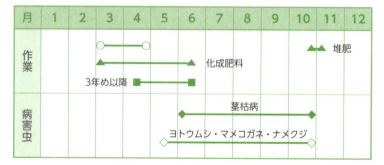

Q1 栽培サイクルを教えてください。

A いちど植えると10年くらい収穫が続く多年草です。種から育てると、定植するまでに1年近くかかることがあるので、苗を購入することをおすすめします。植えつけは3～4月が一般的。春から秋まで株の勢いにまかせて茎葉を成長させます。晩秋に葉が枯れてきたら地上部を刈り取り、株の上からたっぷりと堆肥(お礼肥)をかけて冬支度。2年めの春に伸びる新芽は収穫せずに、収穫は3年めから。植えつけの1か月後から、月1回の追肥で養分を補います。以後、①晩秋に葉を刈り取って堆肥を施し、②春から秋は化成肥料を月1回を目安に追肥し、③夏から秋に株を大きく育てるというサイクルで10年程度は生育します。栽培も収穫も気長に構えて、旬の味を楽しんでください。

Q2 2年めの新芽を収穫しないのはなぜですか。

A アスパラガスは、2年めの春に伸びた若芽は収穫しません。出てきた新芽の茎葉を伸ばして光合成をさせ、株の充実を図るためです。我慢できずに収穫すると、根株の養分が減り、3年め以降に影響が出ます。

Q3 年を経るごとに収量が減ってきました。

A 堆肥と化成肥料の追肥サイクルを守っていますか。株の充実期に化成肥料、冬に備えて堆肥を施し、土づくりに努めます。また、次々と出てくる若芽を全部収穫していると、翌年の養分が蓄えられないので、収量が減ってきます。3年め以降は、収穫期間を4月中旬～6月中旬と定め、それ以外は収穫をやめるようにします。このあと伸びてきた新芽は収穫を控え、養分の蓄積に回してください。

Q4 真夏、茎葉が倒れてきます。

A 夏は株の充実期。茎葉が茂って倒れやすくなります。草丈が伸びてきたら周囲を支柱で囲ってひもを張り、倒状を防ぎます。

倒れたまま放置すると枯れやすくなるので、早めに作業してください。

ミョウガ

【ショウガ科】

早わかり！ 栽培のプロセス

1 植えつけ

株間を30㎝あけて根株を植えつける。

2 追肥

植えつけの1か月後から月1回を目安に追肥して土寄せする。12～2月は不要。

3 敷きわら

梅雨明け前に、畝を除草して株元にわらを敷く。

4 収穫

花蕾が伸びてきたら、開花前に摘み取る。

5 肥培管理

茎葉が枯れる晩秋、畝全体に堆肥2kg／㎡をまく。

おさえたいポイント

日陰を好み乾燥に弱いので、夏は直射日光を遮り、株元にわらを敷くなどの工夫を

元肥

苦土石灰150～200g/㎡、堆肥2kg／㎡、化成肥料100g/㎡

追肥

化成肥料30g/㎡、堆肥2kg／㎡。植えつけの1か月後から月1回。晩秋に堆肥をお礼肥

水やり

植えつけ時にたっぷり

連作アドバイス

植え替え時には連作を避ける

難易度 易 中 難

栽培カレンダー

●種まき ○植えつけ ▲間引き+追肥 ■収穫
◆主な病気 ◇主な害虫 △その他

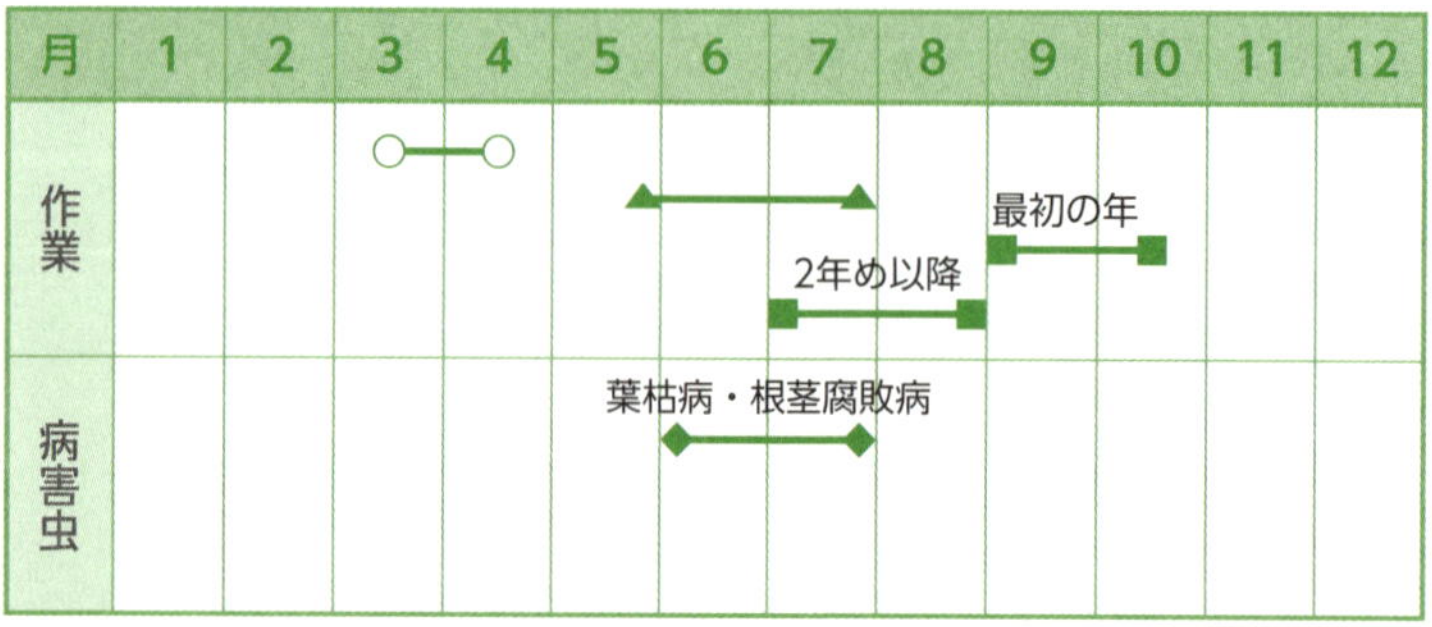

Q1 日当たりのよい場所に植えつけたら、いつの間にか消えてしまいました。

A ミョウガは日陰を好む野菜で、強い日ざしを浴びると、生育が衰えて枯れてしまいます。日なたに植えつけるなら、梅雨明け前後に遮光ネットや黒寒冷紗で株全体を覆うとよいでしょう。南東側に、支柱仕立てのトマトやキュウリ、トウモロコシなどの背の高い野菜を育てて日陰をつくるのも一つの対策です。

日当たりを好む野菜が多いなか、日陰で育つミョウガは貴重な存在です。畑の北側や塀の陰になるスペースなど、ふつうの野菜には不向きなスペースを有効利用するのがおすすめです。

Q2 花蕾が緑色で、きれいなピンク色になりません。

A 株元に光が当たったためでしょう。緑色になるとかたくなり、品質が低下します。梅雨明けのころに、株元にわらを厚めに敷いて光を遮ると、ピンク色でやわらかな花蕾がとれるようになります。

Q3 晩秋に葉が枯れてきました。冬の管理のコツはありますか。

A ミョウガは宿根草で、冬を前に茎葉は枯れて休眠しますが、春になると目覚めて新葉を伸ばします。晩秋に茎葉が枯れたら地ぎわで刈り取り、お礼肥として堆肥を厚く施して冬を越します。冬は地上部の変化はないので、除草する程度で手入れの必要はありません。新芽が出る春先に化成肥料を追肥して、株を育てます。

Q4 株分けのやり方と時期を教えてください。

A 植えつけて4～5年たつと根が込み合って、新しい葉や花蕾が伸びにくくなります。新芽が出る前の3月初めに根株を掘り起こします。からみ合った根をほぐし、芽のついた根株を長さ15㎝くらいに切り分けて30㎝間隔で植え直します。連作障害を避けるため、新しい畑に植えつけます。

栽培を続けて数年が経過し、前年の収穫が思わしくなければ、植え替えのタイミングです。

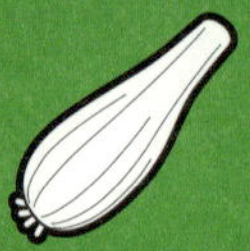

ラッキョウ
【ヒガンバナ科】

早わかり！ 栽培のプロセス

1 植えつけ

種球を2球まとめて、先端が少し見えるくらいの深さに20㎝間隔で植えつける。

2 追肥

植えつけの1か月後から月1回追肥して土寄せ。1～2月の厳寒期は不要。

3 収穫①

3月下旬～4月上旬に、若どりの球を収穫してもよい。

4 収穫②

葉が枯れてきたら収穫。

おさえたいポイント

大粒の球を作るには毎年収穫。2～3年放任栽培を続けると小粒な球になる。

元肥

苦土石灰100～150g/㎡、堆肥2kg/㎡、化成肥料100g/㎡

追肥

化成肥料30g/㎡。植えつけの1か月後から月1回（1～2月は不要）

水やり

心配なし

連作アドバイス

1～2年あける

難易度 易 中 難

栽培カレンダー

●種まき ○植えつけ ▲間引き＋追肥 ■収穫
◆主な病気 ◇主な害虫 △その他

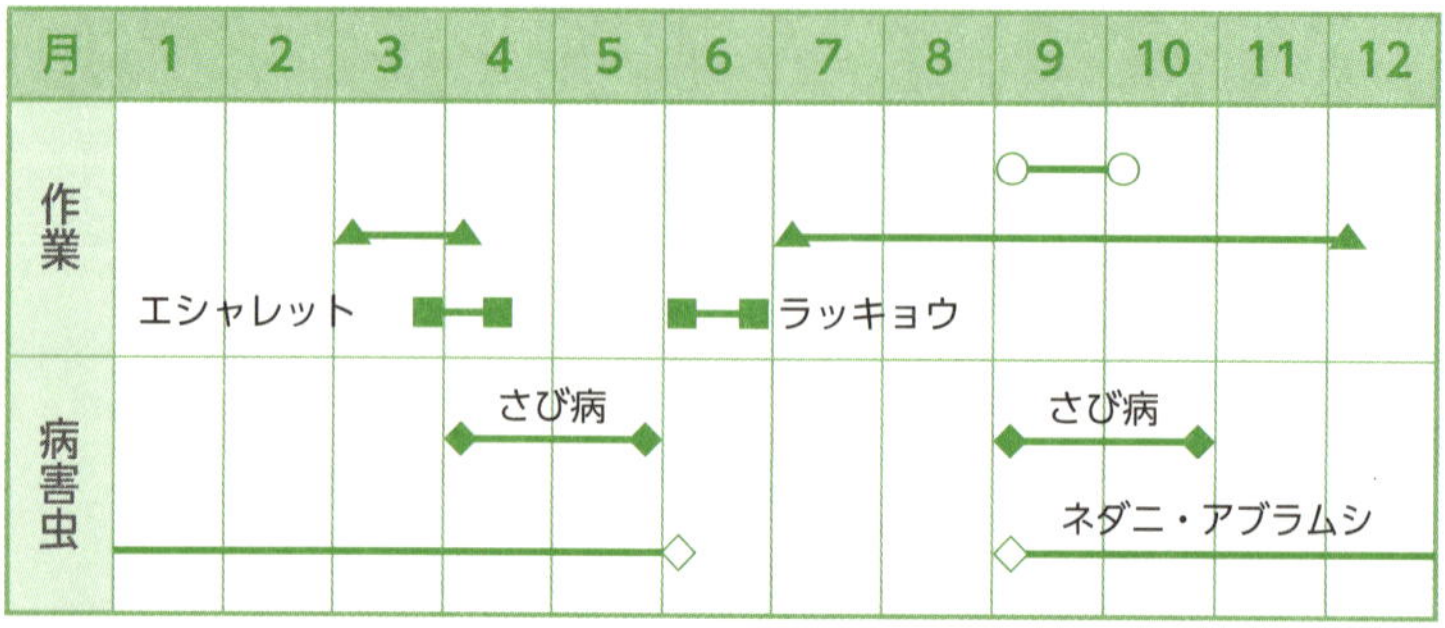

Q1 若どりするときは、いつ収穫すればいいですか。

A 3月下旬～4月上旬です。本格的な収穫は6月なので、その少し前が適期です。ラッキョウを若どりしたものは「エシャレット」と呼ばれ、日本で命名されました。辛みが少なくシャキシャキとした食感で、味噌やマヨネーズなどをつけて生で食べられます。

ちなみに、名前がよく似た野菜にエシャロットがありますが、エシャロットはタマネギの仲間で別の野菜です。

Q2 収穫の目安は何ですか。

A 6月ごろになると、地上部が茶色く枯れてきます。完全に枯れきる前に、株のまわりの土をゆるめて掘り上げます。梅雨入り前の土が乾いた日を選んで収穫しましょう。

なお、ラッキョウは秋に花を咲かせますが、花が咲いても種はできません。結実・成熟のために株が消耗するおそれはないので、咲かせたままでかまいません。

Q3 2～3年植えっぱなしにしておいたら、小粒な球になりました。

A 秋に植えつけた1粒の種球が、翌年の初夏には7～8粒にふえていることからわかるように、ラッキョウは分げつ力がきわめて旺盛です。植えたままにしておくと、種球を植えつけた翌年にできた7～8粒の球から、さらに7～8粒の球ができて数十粒になり、粒の1つずつは小さくなります。このようなものは花ラッキョウといわれ、漬け物などに好まれます。大粒にしたいなら、毎年収穫することです。

Q4 6月に収穫した球を、9月に植えつけることはできますか。

A 適切に貯蔵しておいたものは使えます。収穫後、茎と根を切って薄皮をはがし、ネットなどに入れて風通しのよい日陰で保管します。植えつける前に、外皮だけで中身のない球や、カビや腐敗のある球を取り除き、健全な種球だけを植えつけます。

ホウレンソウ［ヒユ科］

早わかり！ 栽培のプロセス

1 種まき

1㎝間隔の条まき。高温時は、種を催芽させて、発芽をそろえるとよい。

2 間引き

本葉1 ～ 2枚のときに3㎝間隔に間引いて土寄せ。

3 追肥

本葉が4 ～ 5枚のときに追肥して土寄せ。1株1株をしっかり育てたい場合は、5 ～ 6㎝間隔に間引いてもよい。

4 収穫

草丈が20 ～ 25㎝になったら収穫。

！ おさえたいポイント

酸性土壌を嫌うので、石灰を多めに施す

元肥

苦土石灰150 ～ 200g/㎡、堆肥2㎏ / ㎡、化成肥料100g/㎡

追肥

化成肥料30g/ ㎡。本葉4 ～ 5枚（草丈7 ～ 8㎝）のときに1回

水やり

発芽までは乾かさないように。発芽後は乾きが激しい場合に水やりする

連作アドバイス

1 ～ 2年はあける

難易度 易 中 難

栽培カレンダー

●種まき ○植えつけ ▲間引き+追肥 ■収穫
◆主な病気 ◇主な害虫 △その他

月	1	2	3	4	5	6	7	8	9	10	11	12
作業			●	●	●				●	●		
			▲	▲	▲	▲			▲	▲	▲	
				■	■	■				■	■	■
病害虫				◆べと病	◆							
				◇アブラムシ・ヨトウムシ	◇	◇			◇アブラムシ・ヨトウムシ	◇	◇	

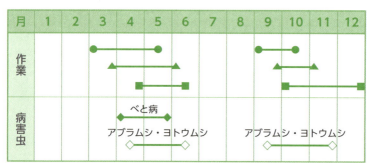

Q1 季節によって品種を変えたほうがいいのですか。

A ホウレンソウは長日植物といって、日長（日の当たる時間）が長くなるととう立ちする性質があります。とう立ちが始まると葉がかたくなるので、なるべくとう立ちさせずに育てることがポイントとなります。栽培時期によって、春まき、秋まき、そして高冷地用の夏まきがあります。春まきでは、とう立ちの遅い『マジック』『アクティブ』（いずれもサカタのタネ）、『おかめ』（タキイ種苗）などを。秋まきでは『ソロモン』『日本ホウレンソウ』（いずれもサカタのタネ）などがおすすめです。とくに『日本ホウレンソウ』はとう立ちしやすいので秋まき専用です。

Q2 7月初めに種をまいたら、発芽しませんでした。

A ホウレンソウは酸性土壌と高温が苦手。土のpHは6・5程度を目標に、石灰を150～200g／㎡と多めに施します。また、発芽適温は15～20℃なので、25℃を超える高温期に種まきをする場合は、あらかじめ催芽させてからまくと発芽がそろいます。なお、果皮を取り除いたネーキッド種子は、発芽が早く、そろいもよいのでおすすめです。〔催芽まきについては164ページ、Q5を参照してください〕

Q3 種袋に「べと病レース1・3・5に抵抗性」などとありますが、何のことですか。

A べと病はカビの一種で、葉に黄色の斑点ができて品質低下を招く、ホウレンソウの代表的な病気です。「レース」とはべと病菌のことで、現在は、菌の型の違いによって1～15があります。「べと病レース1に抵抗性」と書いている品種は、べと病の1の型に抵抗性があるという意味です。1品種で複数の型に抵抗性をもつ場合もあり、それが「べと病レース1・3・5に抵抗性」です。品種名に「R（レース）」をつけて、抵抗性を明記している種苗会社もあります。ただし、菌の型はつねに分化し続けているので、万能ではありません。

スイスチャード［ヒユ科］

早わかり！ 栽培のプロセス

1 種まき

石灰を多めに施した土づくりを。小株どりは2～3㎝間隔の条まき、大株どりは30㎝間隔の点まきにする。

2 間引き

小株どりは、本葉1～2枚になったら4～5㎝間隔に間引いて土寄せする。大株どりは3本に間引く。

3 追肥①

小株どりは、本葉5～6枚になったら追肥と土寄せ。大株どりは本葉5～6枚のころに1本立ちにして追肥を施す。

4 追肥②

大株どりの場合、株の勢いをみながら。

5 収穫

小株どりは草丈20～30㎝で収穫。大株どりは草丈30～40㎝になって葉のつけ根が太くなってきたら、外葉からかき取り収穫。

おさえたいポイント

土づくりでは、石灰を多めに施し土壌pHを6.5～7.0に調整

元肥

苦土石灰150～200g/㎡、堆肥2kg/㎡、化成肥料100g/㎡

追肥

化成肥料30g/㎡。本葉5～6枚のとき

水やり

種まき時と極端な乾燥期にたっぷり

連作アドバイス

1～2年はあける

難易度 易 中 難

栽培カレンダー

●種まき　○植えつけ　▲間引き+追肥　■収穫
◆主な病気　◇主な害虫　△その他

月	1	2	3	4	5	6	7	8	9	10	11	12
作業				●―	―	●	●―	―	―	●		
				▲―	―	▲	▲―	―	―	▲		
					■―	―	■	■―	―	―	■	
病害虫	心配なし											

Q1 種まきの注意点は何ですか。

A スイスチャードの種は種球といって、1つに2～3個の種が集まっているので、種まきの間隔をやや広くとります。コマツナやホウレンソウが1㎝間隔のところ、スイスチャードは2～3㎝くらいあけます。1か所から2～3本の芽が生えてくるので、間引きでさらに間隔を広げます。

Q2 発芽が不ぞろいです。

A 暑さや病害虫に強く、作りやすいスイスチャードですが、酸性土壌で生育が悪いのが唯一の欠点でしょうか。とくに土壌pHが5・5以下だと発芽不良を起こします。したがって、石灰を多めに施した土づくりをし、土壌pHを6・5～7・0に調整します。

Q3 かき取り収穫は、どうすればいいですか。

A 見た目よりもやわらかでおいしいスイスチャードは、外葉をかき取りながら大きく育てる収穫法もおすすめです。種は30㎝間隔の点まきにして、2回の間引きで1本にします。草丈が30～40㎝くらいになって、葉のつけ根（葉柄基部）が大きく太ってきたら、外葉からかき取ります。上手に育てると、茎の直径5～7㎝くらい、草丈50～60㎝の大株に成長し、11月まで収穫が続きます。追肥は1本立ちにしたときと、株の勢いをみながら適宜してください。

Q4 スーパーなどでベビーリーフとして売られているものを見ますが、どうやって作るのですか。

A ベビーリーフは、若くてやわらかい葉を味わいます。コマツナやミズナなどのアブラナ科野菜、スイスチャードやホウレンソウなどのヒユ科野菜、レタスなどのキク科野菜などが向いています。

土づくりや畑のつくり方は通常と同じ。間引きをせずに、草丈10～15㎝で葉を切り取って収穫します。根元の成長点が残っているので、新しい葉が伸びて何回か収穫できます。そのため、2週間に1回は追肥を施します。

ミツバ

【セリ科】

早わかり！ 栽培のプロセス

1 種まき

好光性種子なので、土はごく薄くかける。

2 間引き①

双葉が開いたら、3㎝間隔に間引いて土寄せ。

3 間引き②

本葉2～3枚のときに5～6㎝間隔に間引く。

4 追肥

2回めの間引き後から、2週間に1回の追肥をして土寄せする。

5 収穫

草丈25～30㎝くらいで収穫。根元から3～4㎝を残して切り取る。新葉が成長して何度か収穫できる。

おさえたいポイント

発芽するまでは、まめに水やりを

元肥

苦土石灰100g/㎡、堆肥2kg/㎡、化成肥料100g/㎡

追肥

化成肥料30g/㎡。2回めの間引き後から2週間に1回

水やり

種まき時

連作アドバイス

3～4年はあける

難易度 易 中 難

栽培カレンダー

●種まき ○植えつけ ▲間引き+追肥 ■収穫
◆主な病気 ◇主な害虫 △その他

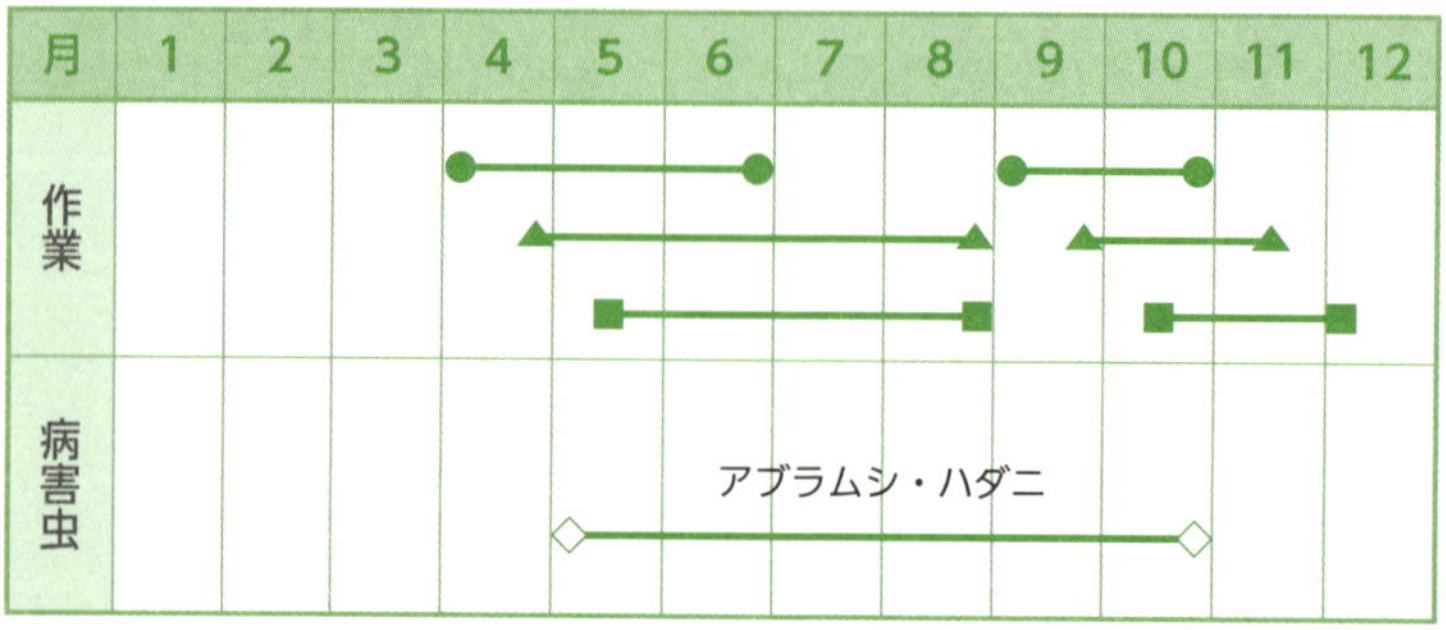

Q1 うまく発芽しません。

A いくつかの要因が考えられます。第一に、連作を非常に嫌うので、3～4年はミツバを育てたことのない畑で栽培すること。

第二に、種の寿命が短く、1年しかありません。つまりその年のうちに使い切ってしまうことが望ましいのです。古い種だと、発芽率が著しく低下したり品質が悪くなることもあります。

第三に、光に反応して発芽する好光性種子なので、種にかぶせる土はごく薄くします。第四に、暑さと乾燥に弱く、発芽までに7～10日程度時間がかかるので、芽が出るまではまめに水やりをして乾かさないこと。半日陰でも作れるので、乾きすぎない場所を選んで栽培するのもいいでしょう。

このように、ミツバの発芽には多くの要因がからみ合っており、それらのいずれかを解消すれば、うまく発芽すると思います。

Q2 周年栽培できますか。

A 露地では、降霜前（関東標準で11月末～12月ごろ）まで栽培できますが、霜が降りるようになると、さすがに生育が不良になります。寒冷期の栽培には、10℃以上の保温が必要です。

Q3 春にまいたら、とう立ちしてしまいました。

A ミツバは低温によって花芽分化が始まるので、早くまくと、すぐにとう立ちします。種まきは4月になってから。ほかの葉野菜より遅くします。

Q4 関東と関西では作り方が違うのですか。

A かつて、関東では軟白栽培したミツバが、関西では青ミツバ（糸ミツバ）が多く栽培されていました。茎が白い軟白ミツバにたいして、青ミツバは茎まで緑色で香りも豊かです。家庭菜園では、手間のかからない青ミツバが作りやすいでしょう。

パセリ

［セリ科］

早わかり！ 栽培のプロセス

1 植えつけ

根がまっすぐに深く伸びるので、土をていねいに耕したうえで植えつける。

2 追肥

植えつけの1か月後と、収穫が始まったら2週間おきに追肥と土寄せをして長く育てる。

3 収穫

本葉が13～15枚になったら、必要な分だけかき取って収穫する。

おさえたいポイント

植えつけ後はほとんど手間いらず、定期的な追肥で長く収穫

元肥

苦土石灰100g/㎡、堆肥2kg /㎡、化成肥料100g/㎡

追肥

化成肥料30g/㎡。植えつけの1か月後に追肥。その後、収穫が始まったら2週間に1回

水やり

種まき時と乾燥時

連作アドバイス

1～2年はあける

難易度 易　中　難

栽培カレンダー

●種まき　○植えつけ　▲間引き+追肥　■収穫
◆主な病気　◇主な害虫　△その他

月	1	2	3	4	5	6	7	8	9	10	11	12
作業				○			○					
					▲							▲
							■					■
病害虫					◇ アブラムシ・キアゲハの幼虫					◇		

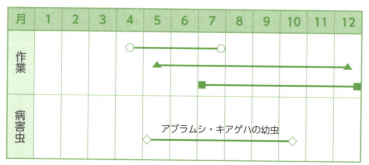

Q1 なかなか発芽しません。

A パセリは、初期生育の遅い野菜の一つです。発芽までに10日程度、定植適期の苗に育てるまで、種まきから約70日を要します。葉菜類にしては異例の長さです。1～2株を作るのなら、市販の苗を購入したほうが簡単です。また、好光性種子なので、種に厚く土をかけると発芽しない性質があります。種が見え隠れする程度に薄くかけるか、種まきののち、板などで押さえて土とよくなじませるようにします。

Q2 パセリとイタリアンパセリの違いは何ですか。

A パセリには、葉の縮れた縮葉種（モスカールドパセリ）と、葉が平らな平葉種があります。平葉種がイタリアンパセリと呼ばれるもので、ヨーロッパではこちらのほうが主流です。縮葉種よりも香りが強いのが特徴です。

イタリアンパセリ

Q3 葉が黄色くなりました。

A まず、窒素分の不足が考えられます。収穫が始まったら2週間に1度、定期的な追肥をしてください。乾燥の可能性もあるので、敷きわらや黒色のポリマルチでマルチングをするのも有効です。

Q4 1回にどのくらい収穫すればいいですか。

A 本葉が13～15枚になったころから、1度に2～3枚をめどに収穫します。葉がよく縮れた外葉から順にかき取るように収穫し、追肥を忘れないようにします。次の収穫は約半月後です。

外側からかき取るように収穫

セロリ

【セリ科】

早わかり！ 栽培のプロセス

1 植えつけ
根鉢が少し見えるくらいの浅植えにする。

2 追肥
植えつけの2週間後から2週間ごとに追肥して土寄せ。

3 わき芽かき
わき芽や下葉がめだってきたらかき取る。

4 軟白
白茎のものを作るなら、収穫の3週間くらい前に株のまわりを段ボールなどで覆って遮光する。この作業はしてもしなくてもかまわない。

5 収穫
第1節の長さが20㎝以上になったら収穫。株ごと切り取っても、外葉をかき取ってもどちらでもよい。

おさえたいポイント

高温多湿期には、水はけと風通しをよくする。

元肥
苦土石灰100g/㎡、堆肥2kg /㎡、化成肥料100g/㎡

追肥
化成肥料30g/㎡。植えつけの2週間後から、2週間に1回

水やり
乾燥に弱いので、夏場はまめに水やり

連作アドバイス
1 ～ 2年はあける

難易度 易 **中** 難

栽培カレンダー

●種まき ○植えつけ ▲間引き+追肥 ■収穫
◆主な病気 ◇主な害虫 △その他

月	1	2	3	4	5	6	7	8	9	10	11	12
作業					○	○						
						▲	▲	▲	▲	▲	▲	
										■	■	
病害虫							◆	◆	◆	◆	◆ ウイルス病・軟腐病	
							◇	◇	◇	◇ アブラムシ		

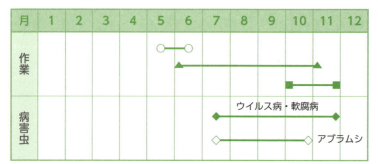

Q1 真夏、苗が消えてしまいました。

A 軟腐病ではないでしょうか。セロリは、育苗期や植えつけ時などの株が小さいときは25℃でもよく育ちますが、高温多湿期に入って株が大きくなると病気が多発します。乾燥は生育不良を招き、多湿は病気を誘発する、水分管理が難しい野菜なのです。

とくに要注意なのが軟腐病です。腐敗と悪臭が進み、やがて溶けてしまう細菌性の病気です。主な対策は、第一に輪作。この菌に侵されないトウモロコシなどのようなイネ科の作物を輪作体系に加えます。第二に、水はけと風通しをよくすることです。

Q2 栽培期間が長いのが難点です。短期間でできる品種はありますか。

A 最近では、種まきから2か月半ほどで早どりできるミニセロリがあります。さらに、中国野菜のスープセロリ（キンサイ）も短期間でできて作りやすいのでおすすめです。

Q3 茎が白くなりません。

A 葉柄（茎）の白いものは、収穫前に株を覆って日をさえぎる軟白栽培をしているのです。収穫の3週間くらい前に、株のまわりに厚紙やボール紙を巻くと葉柄が白くやわらかく仕上がります。軟白しないものは、ややかたいけれど緑色が濃く、その分ビタミンも豊富です。

Q4 堆肥だけで作ったのですが、葉の緑色が薄いような気がします。

A 有機質肥料の特徴はゆっくり効く緩効性で、化学肥料に比べて葉色が薄くなる傾向があります。元肥を十分施し、ボカシ肥で補いましょう。

Q5 アブラムシがいっぱいです。

A アブラムシは直接の被害だけでなく、病気を媒介するので、やっかいです。初期のうちに手でつぶしたり、ガムテープではがし取ったりします。

アシタバ

［セリ科］

早わかり！ 栽培のプロセス

1 種まき

ポリポットに培養土を入れて、種を7～8粒まく。じかまきもできる。

2 間引き①

本葉1枚のころ3本に間引く。

3 間引き②

本葉2～3枚のころ2本にする。

4 間引き③

本葉4～5枚のころ1本立ちにする。

5 植えつけ

根鉢を崩さないように植えつける。

6 追肥

植えつけの1か月後から月1回追肥して土寄せ。

7 収穫

本葉が15枚くらいになったら収穫する。

8 冬越し

冬、地上部が枯れるので、敷きわらか堆肥をかけて防寒する。春には新芽が伸び出す。

おさえたいポイント

冬は軽い防寒を行い、冬越しさせる

元肥

苦土石灰100g/㎡、堆肥2kg/㎡、化成肥料100g/㎡

追肥

化成肥料30g/㎡。植えつけの1か月後から月1回

水やり

植えつけ時

連作アドバイス

1～2年はあける

難易度 易 中 難

栽培カレンダー

●種まき ○植えつけ ▲間引き+追肥 ■収穫 ◆主な病気 ◇主な害虫 △その他

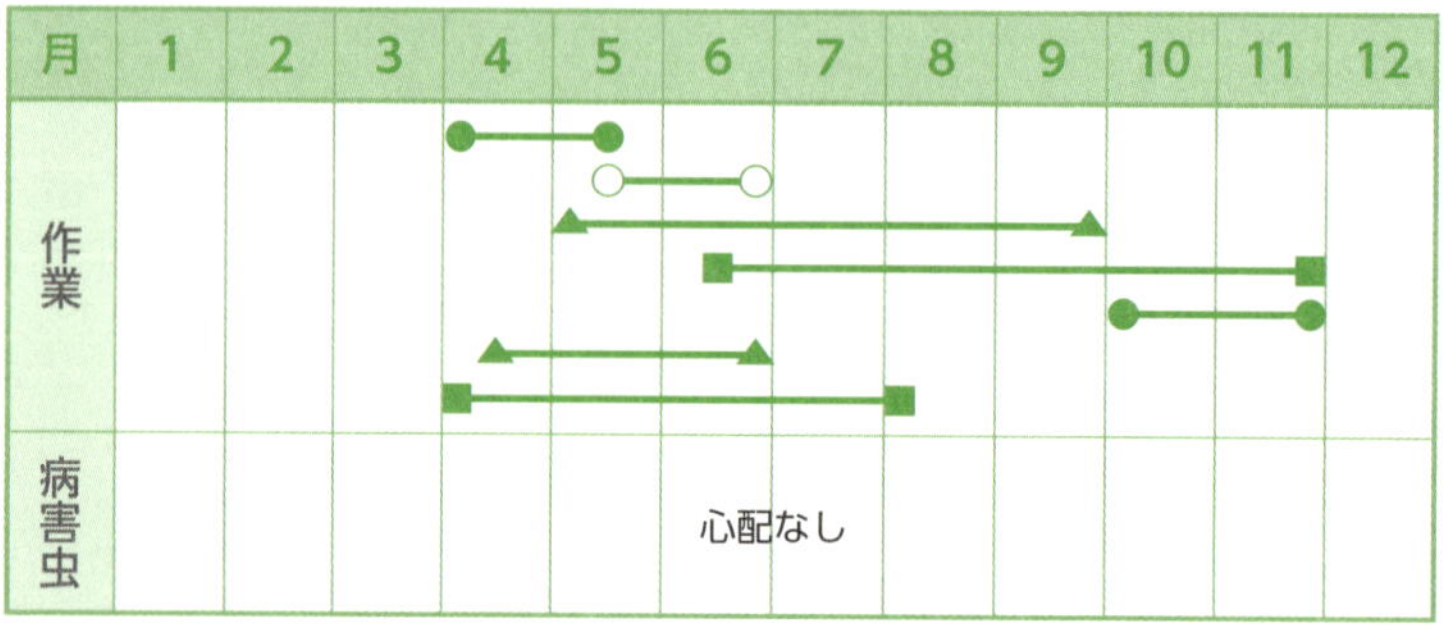

Q1 冬越しは、どのようにすればいいのですか。

A アシタバは、伊豆諸島に自生する野草ですが、ビタミンや鉄分を多く含む健康野菜として人気があります。さらに、数年は収穫が続いて手間いらず、病害虫に強く、どんどん葉が伸びるところも人気の一因です。温暖な地域以外は、冬季は地上部が枯れてきます。地下部は生きているので、敷きわらや堆肥をかける程度の軽い防寒で越冬します。春には新葉が伸びてきます。

Q2 収穫の目安を教えてください。

A 本葉が15枚くらいに増えてきたら、中心の若葉を折り取ります。完全に開ききる前の光沢のある葉がやわらかくて食べごろです。

明日には葉が出てくるほど成長が早いことから、アシタバの名がついたといわれていますが、実際には4～5日かかりますよ。

Q3 どうやってふやせばいいですか。

A 種をまいてふやします。アシタバは自家採種できるので、種を保存してまきます。適期は春と秋。また、株分けでふやすこともできます。春先に株を掘り上げて新芽と根をつけて分割し、株間を50㎝くらい広くとって植えつけます。

Q4 茎を切ると出てくる黄色い汁は何ですか。

A 黄色い汁に含まれるカルコンという物質には、抗酸化作用があります。抗菌効果が高く、ガンや潰瘍、血栓を予防する働きがあるといわれています。

Q5 真夏に作れる青菜はありませんか。

A アシタバをはじめ、本書でも熱帯性の葉野菜を多数取り上げています。ほかに、ツルムラサキ、ツルナ、ヒユナなどもおすすめです。栽培は簡単。霜の心配がなくなってから種をまき、30～50日程度で収穫できます。高温多湿に強く、どんどん育ちます。

クウシンサイ【ヒルガオ科】

早わかり！ 栽培のプロセス

1 種まき
硬実種子なので、一晩水につけてからまくと発芽がよくなる。1か所に3～4粒まき。挿し芽繁殖も可能。

2 間引き
双葉が開いたら2本に間引いて土寄せする。

3 敷きわら
梅雨明け前に、株元にわらを敷く。

4 追肥
種まきの2～3週間後から、2週間に1回追肥して土寄せをする。

5 初収穫（摘芯）
草丈が30㎝くらいになったら、摘芯を兼ねて主枝を摘み取る。

6 収穫
わきから伸びる茎葉が20㎝くらいになったら、切り取って収穫する。

おさえたいポイント

摘芯をして、わき芽を伸ばす

元肥
苦土石灰100g/㎡、堆肥2kg/㎡、化成肥料100g/㎡

追肥
化成肥料30g/㎡。種まきの2～3週間後から2週間に1回

水やり
発芽まで乾かさない。乾燥が激しいときは水やりの効果は高い

連作アドバイス
連作障害はないが、1～2年はあけたほうがよい

難易度 易 中 難

栽培カレンダー

●種まき ○植えつけ ▲間引き+追肥 ■収穫
◆主な病気 ◇主な害虫 △その他

月	1	2	3	4	5	6	7	8	9	10	11	12
作業					●―	―	―	―●				
					▲―	―	―	―	―	―▲		
						■―	―	―	―	―■		
病害虫						心配なし						

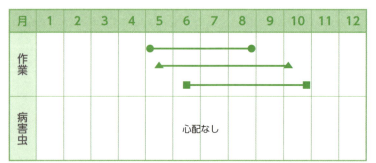

Q1 なかなか大きくなりません。

A 熱帯性の野菜なので、寒い時期に種まきをすると、発芽が遅れたり成長が鈍ることがあります。種まきの適期は5月以降。皮がかたいので、種は一晩水につけてからまきます。梅雨が明けるころには生育が旺盛になるので、収穫しながらコンパクトな姿に整え、肥料切れをさせなければ、秋まで長く収穫できます。

Q2 食用に買ったものを植えてもいいのでしょうか。

A クウシンサイは挿し芽繁殖が可能です。サツマイモやキンジソウと同様、食用に買ったものを植えつけることができます。7～8月の高温期なら、種まきから3～4週間で収穫できるので、種からでも簡単にできます。苗も販売されています。栽培のスタートはさまざまですが、どの時期からでも簡単に作れる野菜の一つです。

Q3 放っておいたら、節から根が出てきました。

A クウシンサイはサツマイモの仲間で、葉のつけ根の節から発根する性質があります。収穫を怠ると茎が地を這って根づき、大きく広がってしまいますよ。とり遅れて太くなった茎は、かたくて食用には適しません。

株の広がりを抑えて上手に収穫を続けるコツは、草丈が30cmくらいのときに主枝を摘芯し、わき芽が20cmくらいに伸びてきたらこまめに収穫することです。2週間に1回の追肥で、肥料切れさせないようにしてください。

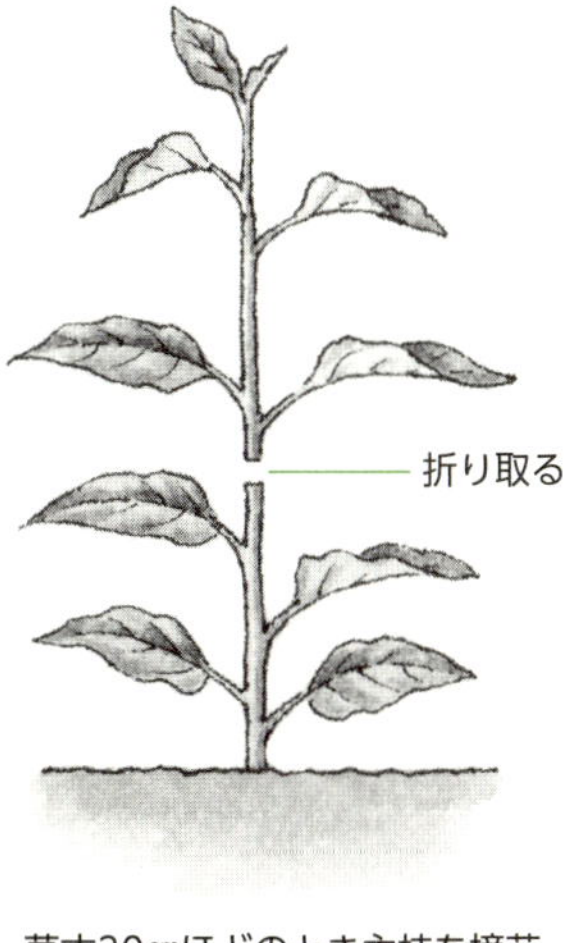

草丈30cmほどのとき主枝を摘芯

モロヘイヤ［アオイ科］

早わかり！ 栽培のプロセス

1 種まき
ポリポットに土を入れて、種を7～8粒まく。

2 間引き①
双葉が開いたら3本にする。

3 間引き②
本葉2枚のころに2本に間引く。

4 間引き③
本葉3～4枚のときに1本立ちにする。

5 植えつけ
本葉5～6枚に育った苗を植えつける。

6 追肥
植えつけの1か月後から1か月おきに追肥と土寄せ。

7 初収穫（摘芯）
先端を20㎝ほど折り取る。

8 収穫
新芽が次々伸びるので順次収穫する。

おさえたいポイント

草丈を整えながら、10月初旬まで収穫を続ける

元肥
苦土石灰100g/㎡、堆肥2kg /㎡、化成肥料100g/㎡

追肥
化成肥料30g/㎡。植えつけの1か月後から月に1回

水やり
種まき後は発芽まで乾かさない

連作アドバイス
連作障害はないが、1～2年はあける

難易度 易 中 難

栽培カレンダー

●種まき ○植えつけ ▲間引き+追肥 ■収穫
◆主な病気 ◇主な害虫 △その他

月	1	2	3	4	5	6	7	8	9	10	11	12
作業				●―	―●							
作業					○―	―	―○					
作業					▲―	―	―	―	―▲			
作業							■―	―	―	―■		
病害虫						◇―	―	―	―	―◇	ハダニ	

Q1 種まき後、なかなか大きくなりません。

A 初期生育が遅く、定植期の本葉5～6枚の苗に育つまでに40～50日ほどかかります。霜の心配のある時期は、ポリトンネルなどをかぶせて15℃以上になるように保温してやりましょう。

Q2 葉が茂って困ります。

A 熱帯原産のモロヘイヤは、気温が上がる真夏になるとぐんぐん成長します。放任すると3m以上にもなり、こうなると手に負えなくなります。草丈が30～40㎝くらいになったら収穫を開始して、成長しても腰の高さ程度に抑えるようにします。大きく育ちすぎると、葉がかたくて筋っぽくなり、食べてもおいしくありません。

早くから先端を折って、低くこんもりと育てる

収穫は、葉先の部分を手で摘み取るようにします。手でぽきんと折れるところは茎までやわらかく、おいしく食べられますよ。わき芽が伸びるので、摘み取りながら草姿を整えていきましょう。

Q3 冬越しできますか。

A 低温に弱いので越冬はできません。ただし、種を自家採種して保存しておけば、翌年も栽培できます。秋口になると、長さ7～8㎝のさやが伸びてくるので、さやがかさかさに乾いてきたら、さやごと摘み取って種を取り出します。種は紙袋などに入れて冷暗所で保存します。種は有毒なので誤って食べないように注意してください。葉や茎は安全です。

モロヘイヤのさや

シソ

【シソ科】

早わかり！ 栽培のプロセス

1 種まき

ポットに7～8粒種をまき、発芽したら3～4本に、本葉2～3枚で2本に、本葉4～5枚で1本にする。

2 植えつけ

株間を20～30㎝あけて苗を植えつける。

3 追肥

植えつけの2週間後から2週間おきに追肥して土寄せ。

4 収穫

草丈30～40㎝になり、大きく展開したやわらかい葉を摘み取る。穂ができ始めたら、穂ジソ、次いで実ジソを収穫する。

おさえたいポイント

数株あればたっぷりとれるので、適期に苗を購入するのがおすすめ

元肥

苦土石灰100～150g/㎡、堆肥2㎏/㎡、化成肥料100g/㎡

追肥

化成肥料30g/㎡。植えつけの2週間後から2週間に1回

水やり

乾燥期は、害虫予防も兼ねて葉の表裏にたっぷりと水やり

連作アドバイス

1～2年あける

難易度 易 **中** 難

栽培カレンダー

●種まき ○植えつけ ▲間引き+追肥 ■収穫
◆主な病気 ◇主な害虫 △その他

月	1	2	3	4	5	6	7	8	9	10	11	12
作業				●────	────	● ○────	────○					
					▲────	──── ■────	────	──── ■	▲			
病害虫						◇────	アブラムシ・ハダニ ────	────◇				

Q1 葉ジソのほか、どんな部分が食べられますか。

A 生育ステージに応じていろいろと楽しめます。発芽直後の双葉は芽ジソと呼ばれ、刺身のつまなどに用います。葉ジソ（オオバ）は薬味や彩りに、赤ジソは梅干しや漬け物などに風味と色みを加えます。9月に、穂の約1／3が開花したところで折り取ったものが穂ジソで、刺身やあえ物のトッピングなどに使います。花が終わり、種が未熟なうちに収穫したものは実ジソと呼ばれ、漬け物やつくだ煮などに使います。

Q2 葉がかたくなりました。

A 時期によって、いくつかの理由が考えられます。7～8月なら肥料不足か水不足、または日ざしが強すぎるのかもしれません。土質を選ばず栽培できますが、やわらかく香りのよい葉を収穫するには手入れが必要です。2週間おきに追肥し、土が乾いているときはたっぷりと水やりを。また直射日光を浴びるとかたくなることがあるので、寒冷紗などで覆います。

一方、とう立ちが始まる9月上旬～中旬になると、葉の成長が止まってかたくなります。とうを摘み取ればしばらく楽しめますが、新しい葉はこれ以上出てこないので、そろそろ葉の収穫は終わりと考えましょう。

Q3 葉が波打ったものと平らなものがあります。

A 品種の分化が少ないシソにも、いくつかの系統があります。葉の色の違いから青ジソと赤ジソがあり、さらに、それぞれに縮緬葉と平滑葉の系統があります。

Q4 毎年、こぼれ種から発芽したものを育てていますが、色も香りも悪くなった気がします。

A シソ科の植物は意外と多く、野菜以外にもハーブや園芸用の草花、雑草にも広がっています。そのため、ほかのシソ科植物との交雑は避けられず、年を経るごとに交雑が進んで品質が悪くなったのでしょう。赤ジソと交雑すると、葉の色が悪くなることが知られています。青ジソ特有の香りを楽しみたいなら、毎年種まきするか、適切に育苗された苗を植えつけましょう。

シュンギク
【キク科】

早わかり！ 栽培のプロセス

1 種まき
酸性土壌に弱いので石灰を多めに施して種まきする。

2 間引き①
本葉1～2枚のころに3㎝間隔に間引いて土寄せ。

3 間引き②
本葉4～5枚のころに10㎝間隔に間引いて土寄せする。

4 追肥
2回めの間引き後から、2週間ごとに追肥と土寄せ。

5 収穫
草丈25㎝くらいになったら主枝を摘み取って収穫。株ごと引き抜いてもよい。

おさえたいポイント

主枝を摘芯してわき芽を伸ばす作り方が効率的

元肥
苦土石灰150g/㎡、堆肥2kg /㎡、化成肥料100g/㎡

追肥
化成肥料30g/㎡。2回めの間引き後から2週間に1回

水やり
種まき時

連作アドバイス
1～2年はあける

難易度 易 中 難

栽培カレンダー

●種まき ○植えつけ ▲間引き+追肥 ■収穫
◆主な病気 ◇主な害虫 △その他

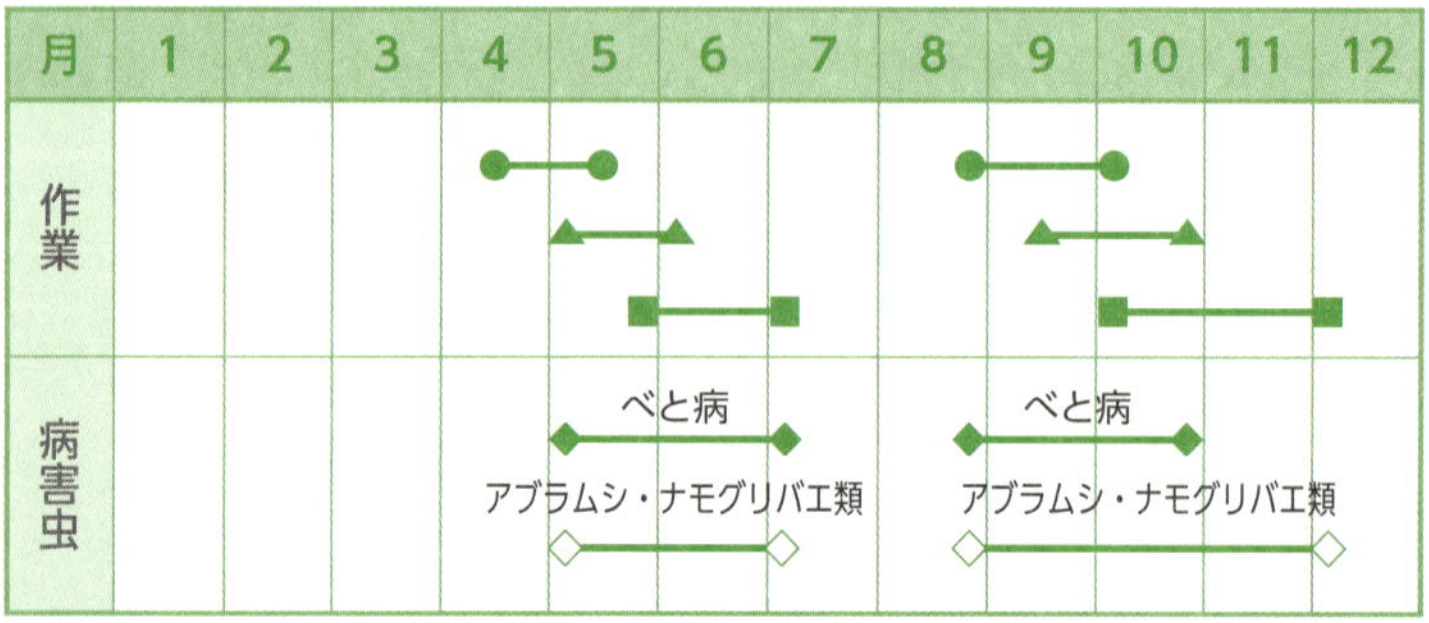

Q1 うまく発芽しません。

A シュンギクはレタスなどと同じで、好光性種子（光発芽種子）です。したがって、種をまいたあとにかける土（覆土）が厚すぎると、発芽がそろわず、うまく育ちません。種が見え隠れする程度に土をかけ、発芽までの3～4日は乾かさないように水やりします。また、催芽まきも有効です。〔好光性種子（光発芽種子）については165ページ、Q6、催芽まきについては164ページ、Q5も参照してください〕

Q2 11月下旬、葉の緑が茶色く枯れてきました。

A シュンギクの生育適温は15～20℃なので、11月下旬の霜が降りるような気温では生育できません。葉の緑が茶色くなって枯れてしまいます。寒冷紗の防寒力ではさすがに無理、ポリトンネルで覆うと年明けまでみずみずしいものが収穫できます。ただし、トンネル内部が高温になるのも、かえってマイナスです。ところどころに換気用の穴のあいた、通気性のあるものを選びます。

Q3 地域によって収穫の仕方が違うそうですが、どんな方法があるのですか。

A シュンギクの収穫方法には2つあります。一つは、草丈が25㎝程度になったら株ごと引き抜くやり方です。もう一つは、手やはさみを使って順に収穫し、伸びてきた若い葉を次々と収穫するやり方です。少し前までは、関西では株ごと収穫、関東では摘み取り収穫といわれていましたが、いまはその違いもなくなったようです。摘み取り収穫の場合は、2回めの間引き後から2週間ごとに追肥をします。

株ごと引き抜く方法（写真上）と葉を摘み取る方法

キンジソウ（スイゼンジナ）【キク科】

早わかり！ 栽培のプロセス

1 挿し芽づくり

バーミキュライトを入れたポリポットに、挿し芽を植えつける。食用に買った茎葉から挿し芽をつくることができる。

2 植えつけ

根がよく回ってきたら、株間を30㎝程度あけて植えつける。

3 追肥

植えつけの3週間後から、2週間に1回追肥して土寄せする。

4 収穫

草丈が50～60㎝になったら、若い葉の先を20～30㎝ほど摘み取る。

おさえたいポイント

折り取ってこまめに収穫し、草丈を抑える

元肥

苦土石灰100g/㎡、堆肥2kg /㎡、化成肥料100g/㎡

追肥

化成肥料30g/㎡。植えつけの3週間後から2週間に1回

水やり

植えつけ時と乾燥時

連作アドバイス

1～2年はあける

難易度 易（中・難）

栽培カレンダー

●種まき ○植えつけ ▲間引き+追肥 ■収穫
◆主な病気 ◇主な害虫 △その他

月	1	2	3	4	5	6	7	8	9	10	11	12
作業				△—△ 挿し芽	○—○ ▲—	■—	—	—	—▲	—■		
病害虫						心配なし						

Q1 大きく育ちすぎてしまいました。

A 夏場は収穫が追いつかないほどに伸びて、放っておくと1m以上になります。こまめに収穫しながら、草丈を50~60㎝程度に抑えるのがポイントです。おいしい新葉をどんどん食べてください。

草丈を50～60㎝に抑えて収穫

Q2 種が見つかりません。どうやって栽培するのですか。

A キンジソウは種ができないので苗を植えつけますが、挿し芽で簡単にふやせます。熱帯原産で性質頑健、暑さに強くて育てやすい野菜です。栄養価が高くて簡単、おすすめの野菜の一つです。スーパーなどで食用に売っているものからも挿し芽をつくることができます。挿し芽のつくり方は次のとおり。

①葉を4~5枚つけて茎を切り取り、大きな葉は半分くらいに切り詰めます。②ポリポットにバーミキュライトを詰めてたっぷりと水を含ませ、挿し芽を植え、乾かさないように気をつけます。③2週間くらいで発根します。根がポットに回って、鉢底穴から白い根が見えるくらいになったら畑に植えつけます。

1本のキンジソウから
いくつかの挿し芽がつくれる

Q3 冬越しのやり方を教えてください。

A 熱帯では多年草ですが、寒さに弱いので、一般地では露地で冬は越せません。鉢上げして、春まで室内に置きます。

前述のように、挿し芽で簡単にふやせるので、毎年新しく植えてもいいと思いますよ。

アーティチョーク

［キク科］

早わかり！ 栽培のプロセス

1 種まき

ポットに4粒ずつ種をまき、発芽したら3本に、本葉2 ～ 3枚で2本に、本葉4 ～ 5枚で1本にする。

2 植えつけ

長く栽培するので植えつける場所を考慮する。株間80 ～ 100㎝で植えつける。

3 追肥

植えつけの2か月後から、月1回を目安に追肥して土寄せ。2年め以降は厳寒期（1 ～ 2月）を除いて月1回同量を追肥する。

4 肥培管理

冬に地上部が枯れたら、お礼肥として堆肥を施す。

5 収穫

2年めの春、蕾が伸びてきたら開花前に切り取る。

! おさえたいポイント

植えつけた年は株の養生に努め、2年めから収穫スタート

元肥

苦土石灰100 ～ 150g/㎡、堆肥2kg / ㎡、化成肥料100g/㎡

追肥

化成肥料30g/㎡と堆肥2kg / ㎡。1年めは植えつけの2か月後から月1回。2年めからは冬季を除いて月1回。12月に堆肥をお礼肥

水やり

植えつけ時

連作アドバイス

宿根草なので、数年間は栽培可能。植え替える場合は2 ～ 3年あける

難易度 易 **中** 難

栽培カレンダー

●種まき ○植えつけ ▲間引き+追肥 ■収穫
◆主な病気 ◇主な害虫 △その他

月	1	2	3	4	5	6	7	8	9	10	11	12
作業		▲──	●──	──○──	──●	──○ ■──■	(2年め以降)		(2年め以降)		──▲	▲ 堆肥
病害虫			◇──	アブラムシ		──◇						

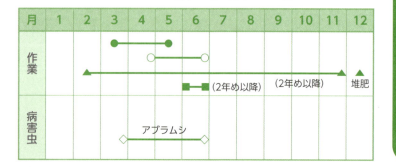

Q1 どこを食べるのでしょうか。

A アザミの仲間で、食用になるのは、がくのつけ根と蕾の中心の花托の部分です。変色を防ぐためレモンと塩を加えてゆで上げ、マヨネーズやディップなどをつけて食べます。ホクホクとしてほんのりと甘く、ソラマメのような味わいです。がくのつけ根は1枚ずつはがして歯でしごくように、やわらかい花托は切り分けて食べます。

Q2 大きな蕾を作るためのコツはありますか。

A 蕾は主枝や葉のつけ根から伸びる側枝につきますが、すべて育てると一つ一つが小さくなりやすいので、1枝につき1～2個に摘花します。蕾がつき始めたときに、早めに摘み取ります。

収穫の目安は、開花前の、がくがかたく締まっているころです。がくの上部はすぐに開き始めるので、適期を逃さず収穫します。赤紫色の花弁が見え始めると、がくも花托もかたくなって食用に適さなくなります。

Q3 植え替えは必要なのでしょうか。

A 栽培を始めて5～6年たつと、根やわき芽が伸びて込み合ってくるので、植え替えるとよいでしょう。植え替えの適期は9～10月、暑さで生育が衰えるころです。新しい芽が出る前に株を掘り上げ、いくつかに分割して植えつけます。連作にならないよう注意し、2～3年栽培していない場所を選びます。

Q4 春に、アブラムシがびっしりとつきました。

A 春は野菜が少なく、伸び出したばかりの新葉に害虫がつきやすいのです。アブラムシを見つけたら、「アーリーセーフ」（住友化学園芸）や「あめんこ」（アース製薬）などの自然派農薬を散布します。

レタス類

［キク科］

早わかり！ 栽培のプロセス

1 植えつけ

根鉢が見えるくらい浅く植える。

2 追肥

植えつけの2週間後から2週間ごとに追肥して土寄せする

3 収穫

球を押してみてかたく締まってきたら、根元から切り取る。リーフレタスは葉の広がりが直径30㎝くらいになったら収穫する。外葉からかき取り収穫も可能。

おさえたいポイント

冷涼な気候を好むので、春と秋が作りやすい

元肥

苦土石灰100g/㎡、堆肥2kg /㎡、化成肥料100g/㎡

追肥

化成肥料30g/㎡。植えつけの2週間後から2週間ごとに

水やり

植えつけ時にたっぷりと

連作アドバイス

1 ～ 2年はあける

難易度 **易** 中 難

栽培カレンダー

●種まき ○植えつけ ▲間引き+追肥 ■収穫
◆主な病気 ◇主な害虫 △その他

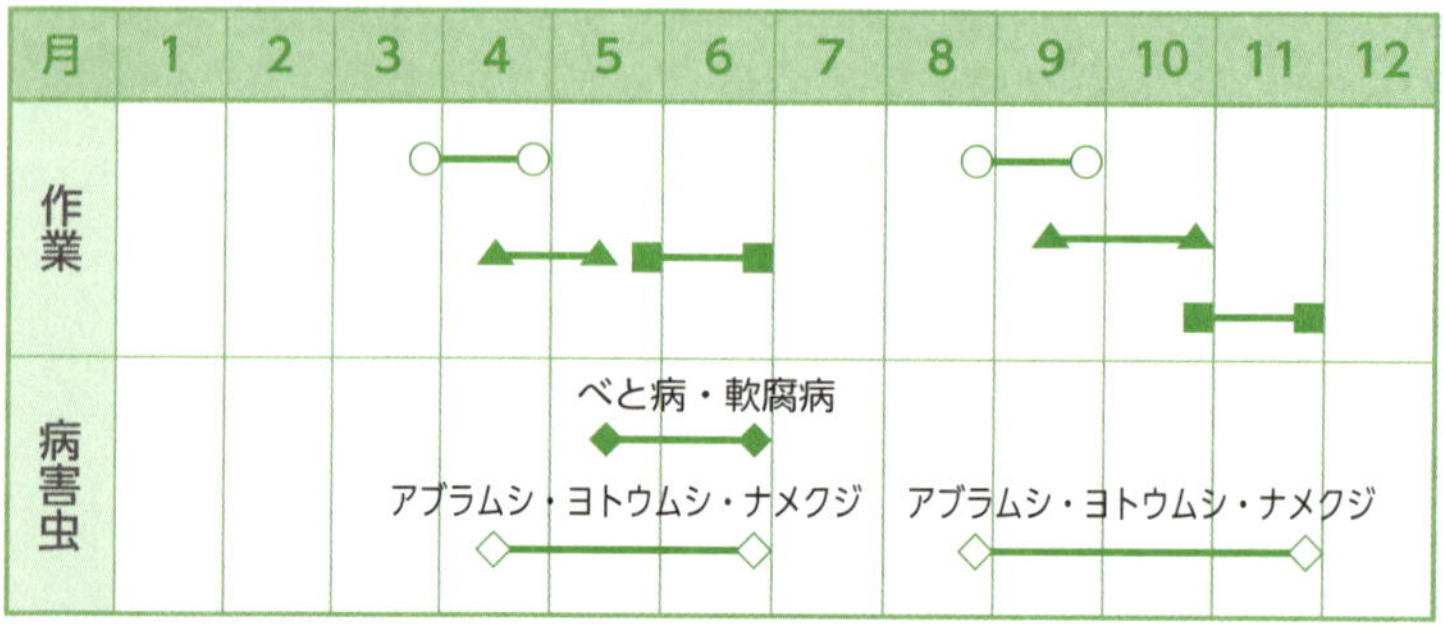

Q1 うまく芽が出ません。

A くせのない味と食感が魅力のレタスですが、栽培するにあたってはひとくせある野菜なのです。冷涼な気候を好み、発芽適温は18～20℃。10℃以下や25℃以上では発芽不良になります。作りやすいのは春と秋、夏は高冷地でなければ品質のよいものの収穫は難しいでしょう。

そこで、高温時に発芽をそろえるために「催芽まき」をしてみてください。手順は次のとおりです。①種まきの前に、種をガーゼなどに包んで一昼夜水につけておきます。②軽く水けを切ったら、ビニール袋やラップフィルムに包んで冷蔵庫に1～2日程度入れます。③種から白い根が少し伸び出しているのを確認したら、畑にまきましょう。夏場の種まきにはとくに有効です。また、発芽に光が必要な好光性種子なので、種にかける土はごく薄く。種が見え隠れする程度で十分です。〔催芽まきについては164ページ、Q5も参照してください〕

Q2 植えたばかりの苗が、地ぎわでかみ切られたように倒れています。

A ネキリムシによる被害です。周辺の土中には、かならず幼虫がいます。被害がごく最近なら、周辺をほじってみてください。白い虫ならコガネムシ、灰色ならヨトウムシです。見つけたら、捕殺します。〔ネキリムシについては102ページ、Q5も参照してください〕

Q3 葉の色が薄くて、元気がありません。

A 原因の第一に、窒素肥料の不足が考えられます。肥料が不足すると立派な球にならないので要注意です。元肥が少ない場合には、追肥で補います。第二には光線不足です。株間が狭かったりほかの野菜の陰になっていませんか。

Q4 玉レタスが大きく結球しません。

A 玉レタスの大きな結球をめざすには、結球前に外葉をできるだけ大きく育てることが条件です。そのためには、元肥をしっかり施し、栄養不足にさせないことです。栄養不足で外葉が枯れると、結球するための葉が外に開いてしまい、結球が起こらないか、小さな球しかできません。

Q5 切り口から白い汁が出てきますが、これは何ですか。

A 収穫時に茎や葉の切り口から出てくる汁は細胞液です。これが乳（液）のように見えるので、レタスの学名の「Lactuca sativa」のlacは「乳」という意味です。葉につくと茶褐色に変色して見た目が悪いので、産地では収穫後にタオルでふき取っています。

Q6 前庭で栽培していたリーフレタスがとう立ちしてしまいました。

A レタスの仲間は、日の長い条件下では花芽が分化し、とう立ちする性質があります。これを「長日植物」といいます。だから、夜間明るいところ、たとえば門灯や外灯のそば、玄関の明かりの当たるところで栽培すると、とう立ちすることがあります。都会の園芸の盲点といえますね。ホウレンソウも同様なので、気をつけてください。

Q7 レタスにはどんな種類があるのですか。

A おもに、玉レタス、リーフレタス、茎レタスなどがあります。玉レタスには、結球するタイプと半結球のバターヘッドレタスと呼ばれるサラダナがあります。ほかの種類に比べて栽培期間が長い分、やや難しいといえます。

リーフレタスは、日本では「カキチシャ」といわれて昔からあった品種です。葉の色にはグリーンや赤などがあり、葉の形や切れ込みもさまざま。バラエティーに富んだ種類がたくさんあります。花壇に植えてもきれいで見ごたえがあります。植えつけから30日程度で収穫できます。茎レタスは茎を食用とする一風変わったレタスで、最近は乾燥させたヤマクラゲが人気です。

レタスの近縁種としては、苦みの強いチコリ、トレビス、エンダイブなどがあります。

基礎編
Q & A

土について

Q1 野菜作りに適した土とは、どんな土ですか。

A 野菜が元気に育つためには、根が広く深く伸びて、水分や養分、酸素を吸収することがたいせつです。根が活動しやすい土とは、水はけと通気性、保水性がよい「団粒構造」の土です。

土は細かい粒でできています（単粒構造）。この粒のままではすきまが少ないために、空気や水の通りが悪く、野菜の生育に適した土とはいえません。この粒同士が集まって団子状になったものが団粒、これが多く形成されている土を団粒構造といいます。団粒と団粒の間に大きなすきまがあるので、水はけと通気性がよいのです。また、

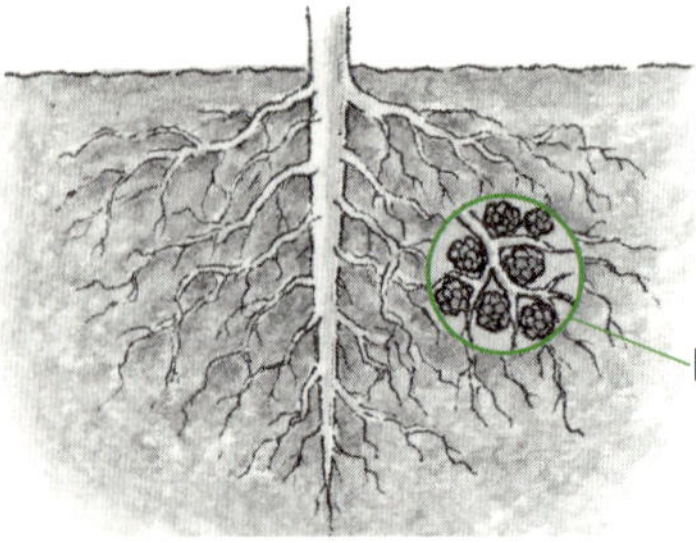

団粒一つ一つの小さなすきまに水分を保持できるので、水もちのよい土でもあるのです。さらに、野菜作りに向いた土には、土壌酸度が適正であること、肥料分に富むこと、病原菌や害虫が少ないこともあげられます。こういった条件が整わない場合は土壌改良の必要があります。

Q2 団粒構造の土かどうかを知る方法はありますか。

A 次の5つを試してみてください。①畑の表面を指で押して、簡単にめり込めばよい土です。②かたい層にぶつかるまでスコップなどで掘り返します。やわらかい層が20～30㎝あれば合格。15㎝以下なら、かたい層を掘り起こしてさらに耕します。③鍬でよく耕し、掘り起こした塊を鍬の刃で崩してみて、簡単に砕けるようならよい土です。④よく耕してから、適当な水分のある土を一握り取って、かたく握りしめます。固まったら指先で軽く押してみて、崩れるようなら団粒構造の土といいえます。固まらなければ砂の割合が多

く、押しても崩れないようなら粘土質の土ということになります。⑤土の色や粒の様子を観察して、粘土質か砂質かを調べます。

Q3 水はけのチェック方法を教えてください。

A ①雨がやんで1～2日後に畑を掘り起こし、土がほぐれるようなら水はけは良好。土が湿っているようなら水はけの悪い土です。②近所の農家を観察してみましょう。農家は土質や水はけに考慮して畑をつくっているはずですから、畝の高さが5～10㎝と低い場合は水はけがよく、20～30㎝と高い場合は水はけの悪い可能性があると判断できます。農家の人に直接尋ねてみるのもいいですね。

Q4 土壌改良材とは何ですか。

A 土壌改良に用いられる資材を土壌改良材といいます。堆肥、腐葉土、石灰などは、土の状態を改善すると同時に、肥料にもなります。主なものと特性を下の表にまとめました。

●主な土壌改良材とその特性

土壌改良材	特性
堆肥	稲わら、牛糞などを混合し、水分を加えて腐敗・発酵させたもの。通気性、保肥性、保水性に優れる。かならず完熟したものを使うこと。
腐葉土	広葉樹の落ち葉を腐敗させたもの。通気性、保水性がよい。
石灰	酸性土壌を中和する効果がある。有機物の分解促進、土壌の団粒化、微生物の繁殖促進などの効果もあるが、多用すると土がかたくなる。
パーライト	真珠岩という鉱物や黒曜石を砕いて高温処理したもの。多孔質で排水性、通気性はよいが、保肥性、保水性にはやや劣る。
バーミキュライト	ヒル石を高温処理したもの。多孔質で通気性と保肥性に優れる。
ピートモス	水苔が腐熟したもので、腐葉土代わりに用いる。通気性と保水性に優れる。酸性なので、酸度調整済みのものを求めるとよい。
緑肥植物	疲弊した土を回復させる効果があるレンゲやクローバー、ソルゴーなどのこと。十分に育ったら土に鋤き込んで利用する。

Q5 水はけが悪く、雨のあとはいつも土がぬかるみます。

A 堆肥を投入してよく耕し、土をやわらかくします。同時に、パーライトを5ℓ／㎡以上入れると、通気性や水はけがよくなります。緑肥植物を育てて刈り込んだあと、細かく切って土に鋤き込む方法も効果的です。また、高畝にして水はけをよくするテクニックもあります。

Q6 水をやってもすぐに吸い込んで、いつもからからに乾いています。

A 砂が多くて、水はけがよすぎるのですね。堆肥と粘土質の土（赤土や黒土）をいっしょに入れます。堆肥4kg／㎡、粘土質の土2kg／㎡ほどを全面に散布してよく耕します。バーミキュライトなどを堆肥に混ぜ入れる方法もあります。目安は1～2ℓ／㎡です。

土壌改良ではありませんが、マルチングもかなり有効です。わらなどの天然素材よりもポリフィルムのほうが効果は高く、地表からの水分の蒸発を防ぎます。

Q7 野菜ごとに適した土の酸度があるんですか。

A 温暖で雨の多い日本は、石灰（カルシウム）や苦土（マグネシウム）が流れて土が酸性に傾きやすいのが特徴です。野菜の多くは、中性～弱酸性の酸度を好むので、酸度（pH）を測定して、好みの酸度に近づけることが、野菜を元気に成長させるコツです。野菜ごとの最適な酸度は表を見てください。

酸度は野菜の生育に大きな影響を与えるので、できるだけ正確に測定したいものです。測定資材には、pH試験紙（リト

●最適な酸度

酸度（pH）	主な野菜
6.5～7.0 微酸性～中性	エンドウ、ホウレンソウ　など
6.0～6.5 微酸性	インゲン、エダマメ、カボチャ、カリフラワー、キュウリ、トウモロコシ、トマト、ナス、ハクサイ　など
5.5～6.5 微酸性～弱酸性	イチゴ、キャベツ、コマツナ、ダイコン、タマネギ、ニンジン　など
5.5～6.0 弱酸性	サツマイモ、ニンニク、ジャガイモ、ショウガ　など

マス試験紙)、畑土を蒸留水と混合した上澄み液を試薬と反応させる方式の簡易pH測定器、差し込むだけでpHがわかる酸度測定器などがあり、測定方法、精度、価格などもさまざまです。

また、生えている雑草の種類でも判断することができます。スギナ、オオバコ、ハハコグサ、カヤツリグサ、スイバなどが繁茂していたら酸性土壌とみなしてよいでしょう。

Q8 測定の結果、酸性土壌でした。どうすればいいですか。

A 野菜作りを始める1か月~2週間前に、苦土石灰などの石灰質資材を畑に全面散布して十分に耕します。散布量は酸度しだいですが、100~200g/㎡を目安にします。投入後、よく耕してからふたたびpH値を測定し、pH6・0~6・5になるように調整します。

散布後1~2週間したら、堆肥2kg/㎡をまいて、よく耕します。

Q9 アルカリ性土壌の場合は、どうすればいいのですか。

A 日本では自然界にアルカリ性土壌は存在しません。しかし、石灰を施しすぎた畑や、雨による流出の少ないハウス栽培などでまれに現れることがあります。

改良するには、クリーニングクロップといわれるトウモロコシを栽培して土壌の塩類を吸収させたり、アルカリ土壌を好むホウレンソウを栽培して石灰分を吸わせるのも有効です。硫安、塩安、硫化カリなどの酸性肥料を投入して中和させる方法もあります。

Q10 栽培しない冬季間にできる土づくりはありますか。

A 「寒起こし」という方法があります。1~2月の厳寒期に、堆肥や腐葉土などの有機物を入れてスコップでざくざくと粗く耕し、塊のまま寒風にさらします。土中の水分が凍結と乾燥を繰り返すことで団粒化が進み、通気性のよい土になります。寒さで害虫や病原菌が死滅する効果も期待できます。

Q11 夏の暑さをうまく利用した土づくりはありますか。

A 畑土をビニールシートで覆って、太陽光の熱で消毒する「日光消毒」があります。スコップで深さ30㎝くらいまで耕して、地表の土をひっくり返して日にさらします。土の塊は細かく砕き、前作の葉や根は取り除きます。

土にたっぷりと水をかけて透明なビニールやポリマルチをかぶせて、1週間～10日ほど放置します。

内部は60～70℃以上の高温になるので、病原菌や害虫などは死滅します。環境にやさしく簡単に取り組める方法です。

日光消毒

Q12 市販の培養土を購入するさいのポイントはありますか。

A ポット育苗やコンテナ栽培などには、数種類の土がブレンドされた市販の培養土が手軽に使えて便利です。次のポイントをチェックしてから購入してください。①野菜用、ハーブ用、草花用などさまざまなものが出回っているので、目的のものを選びます。②主な配合原料を見ます。ブレンドされている土で、水はけや通気性などがわかります。野菜作りの場合は、赤玉土やバーミキュライトなどの水はけのよい土と堆肥、腐葉土がバランスよく配合されているものを選びます。赤土や黒土が多すぎると水はけが悪くなるので、注意してください。③肥料が配合されているかどうかを確認します。配合済みの場合は元肥不要です。④pH値の記載があればそれを確認します。およそ6・0～6・5の範囲内であればよいでしょう。⑤土は野菜作りの基本です。きちんとメーカー名の入った品質のよいものを選びましょう。

苗や種、肥培管理について

Q1 F_1品種、固定品種って何のことですか。

A 品種や系統の違う両親が交配すると両親よりも優秀な子が生まれることがわかっており（雑種強勢）、こうして採種した雑種一代目の種がF_1品種です。生育旺盛でそろいがよいのが特徴なので、計画的な種まきができます。ただし、F_1品種の種を自家採種したF_2世代では形質が分離してしまい、同じものができるとは限りません。

一方、固定品種とは、品種のよい個体を選抜して何代も種採りを繰り返した結果、できあがった品種のことです。固定品種を栽培して自家採種した種をまいた場合、親とほぼ同じ性質をもった野菜を作ることも可能です。

ちなみに在来種とは、地域内で栽培・流通していた地方野菜で、固定品種がほとんど。近年では伝統野菜としてもふたたび注目されています。

Q2 連作障害を防ぐにはどうすればいいですか。

A 連作障害とは、同じ畑で、同じ種類または同じ科の野菜を作る「連作」によって起こる生育障害のことです。作る野菜の種類と配置、野菜の輪作年限をふまえて、効果的な栽培計画をたてて防ぎましょう。畑が狭く輪作が難しい場合は、土壌病害に抵抗性のある品種を選んで種まきをしたり、値段は高めですが、接ぎ木苗を使います。堆肥などの有機物を積極的に施したり、土壌のpHを適正にして健康な土をつくることも効果的です。

根こぶ病などの病害が出たときは「石灰窒素」による土壌消毒がおすすめです。施した当初は農薬、のちに分解して肥料に変わる農薬肥料と呼ばれるものです。

Q3 種まきの方法にはどんなものがありますか。

A 「点まき」「条まき」「ばらまき」があります。それぞれのやり方と利点について解説します。

点まきは、間隔をあけて1か所に数粒ずつ種をまく方法です。間引きの手間が省けて、種の節約にもなります。ダイコンやエダマメ、トウモロコシなどで用います。

条まきは、直線の浅い溝に1列に種をまくやり方で、コマツナやホウレンソウなどの青菜類のほとんどがこのまき方です。苗が一直線にそろうので、間引きや水やりなどの管理が楽になります。2条まきにすれば、栽培の効率も上がります。

ばらまきは、畝全体にぱらぱらと種をまく方法で、狭いスペース向き。種まきは楽ですが、種を大量に必要とします。また、収量はいちばん増えるものの、間引きなどのあとの管理がたいへんです。

Q4 畝をつくるさいの向きに基本はありますか。

A 畝とは、野菜の種や苗を育てるために畑の土を細長く盛り上げたものです。畝立ては鍬やレーキを使い、水はけのよい畑では高さ5～10㎝程度の平畝、水はけの悪い畑や地下水位が高い畑では20～30㎝の高畝にします。

畝の向きについては、畑の大きさや形、傾斜や向きなどによってケースバイケースです。平地では日当りを考慮して東西方向につくるのが一般的です。高低差がある傾斜地の場合は、土の流出を避けるために等高線に沿って畝をつくります。

Q5 種まき前に種を水につけるとよいそうですが、どのようにするのですか。

A 発芽をそろえたり促進する目的で種まき前に水に浸すことを「芽出し処理」、または「催芽まき」といいます。発芽適温と種まき時の温度に差がある場合は、浸水させることで発芽率がアップします。たとえば18～20℃で発芽するホウレンソウやレタスを高温期にまく場合がよく知られていますが、キュウリなどの果菜類ではぬるま湯につけることもあります。また、オクラやアスパラガスのように種がかたくて吸水の遅い野菜にも有効です。

反対に水につけてはいけないのはエダマメやシソで

す。発芽不良を起こすことがあります。すべての野菜に有効とは限らないので注意してください。適期まきでは、催芽をするよりもむしろ、種をそのままま いて、発芽をよくするために水やりをていねいにしたほうが効果が上がります。

ホウレンソウやレタスの芽出し処理のやり方を説明します。①種をガーゼなどに包んで一昼夜水につけます。②軽く水けを切って、乾燥しないようにビニール袋に入れ、冷蔵庫に2～3日入れます。③白い根が見えてきたら取り出し、通常どおりに種まきをします。

Q6 種をまいたあと、かける土の厚さはどのくらいが適当なのですか。

A 種にかける土（覆土）の厚さは、「種の直径の3倍」が基本です。ただし、野菜によっては光線で発芽が促進されるものがあり、種が見え隠れする程度に薄くかけるだけで十分、厚くかけると発芽しないこともあります。このような種を好光性種子（光発芽種子）といいます。反対に、芽を出すのに光を必要としない種子を嫌光性種子（暗発芽種子）といいます。このタイプが「種の直径の3倍」になるわけです。好光性種子と嫌光性種子の主なものを表にまとめました。

●好光性種子と嫌光性種子

	好光性種子	嫌光性種子
主な野菜	レタス、サラダナ、パセリ、ゴボウ、シュンギク、ニンジン、セロリ、ミツバ、シソ　など	トマト、ナス、ピーマン、キュウリ、ダイコン、カボチャ、ネギ、タマネギ　など
覆土の厚さ	種が見え隠れする程度に薄く	種の直径の3倍

Q7 余った種の保存法を教えてください。

A 種の保存には、乾燥、低温、暗所の3点がたいせつです。乾燥剤といっしょに缶や瓶に入れて、15℃以下の冷暗所に保管します。冷蔵庫の野菜室が最適ですが、北向きの納戸や床下収納などでもいいでしょう。

Q8 間引きのとき、どんな株を残せばいいのですか。

A 間引くなら、双葉の形の悪いもの、虫食いの痕のあるもの、生育の悪いものを優先的に抜き取ります。同時に種をまいても成長ぐあいはいろいろです。初期成長が早くて大きいもの、形の整ったものを残すことが、良品がとれる確率を高くするコツです。

Q9 よい苗の選び方を教えてください。

A 初心者の場合、果菜類やキャベツ、ブロッコリーなどの野菜の苗は、園芸店などで購入して植えつけることが多いでしょう。したがってよい苗選びが重要になります。苗のよしあしで作柄の半分が決まるという意味の「苗半作」という言葉があるほどです。

キャベツの仲間やハクサイは、①本葉が5～6枚ある、②節間が詰まってがっちりとしている、③葉の色が濃い、④病害虫に侵されていない、⑤双葉がしっかりついている、⑥根鉢がよく回って、鉢底穴から白い根が見えるもの、を選びます。果菜類の苗選びのポイントはトマトの栽培の15ページ、Q1を参照してください。

Q10 果菜類は苗から育てることが多いようですが、自分で苗をつくるにはどうすればいいですか。

A ナス科やウリ科の果菜類は、4月下旬～5月上旬が植えつけの適期です。ナスは約2か月、キュウリは約1か月の育苗期間が必要で、適期に植えつけるためには、2～3月ごろに種まきしなければなりません。寒い時期は人工的に暖かい環境をつくってやる必要があり、初心者には難易度が高くなります。果菜類の苗づくりは、中・上級者で保温設備のある場合と考えて、初心者は苗を買ったほうがよいと私は考えます。

それでも種から育てたい品種がある場合は、次のプロセスを参考にポットで育苗してください。じかまきはしないほうがいいですね。苗に育てるまでに2か月くらいかかり、わざと収穫期をずらす目的がないかぎりは、収穫が大幅に遅れるのでおすすめできません。

育苗は、育苗中に畑を有効活用できること、多めに苗をつくって優良な苗を選別できること、管理が集約されるなどの理由で利点も大きいのです。

①ポリポットに培養土を入れて種を数粒まき、水やりをします。発芽までは毎日の水やりを欠かさずに。②トロ箱に入れて透明なビニールシートでぴったりと覆って保温します。昼は日当たりのよい場所に置き、夜間は室内に取り込みます。昼温は20～30℃、夜温は15～17℃を保つことがポイント。③本葉1～2枚のとき、3～4枚のとき、5～6枚のときに間引きをして1本立ちにします。④花芽がつくか咲き始めるまで育てて植えつけます。

●育苗期間と定植の適期

野菜名	育苗期間	定植適期の苗
トマト、ピーマン、シシトウ、ナス	60～70日	本葉8～9枚、一番花が咲く
キュウリ、カボチャ、スイカ、メロン	30～40日	本葉3.5～4枚

主な果菜類の育苗期間と定植適期の苗の状態を表に記しました。参考にしてください。

Q11 苗の植えつけに向いた日ってあるんですか。

A ありますよ。まずは堆肥や石灰、肥料などの元肥を施してから1週間～10日くらいが経過したころです。この間に元肥と土がよくなじみます。また、春の果菜類の植えつけの場合は、ポリマルチを敷いて3～4日くらいたったころが地温が上がっていいんです。準備を済ませていよいよ植えつけの当日。ベストなのは風のない曇天です。日ざしの強い晴天や風の強い日は、苗が傷んだりしおれたりするので、できれば避けたいところです。

Q12 移植できる野菜とできない野菜があるんですか。

A 野菜作りには、じかまきと移植栽培があります。また根になりやすいダイコン、ニンジンなどの直根類、短期間で収穫できるコマツナやホウレンソウなどの葉ものはじかまきが原則です。ほかの野菜はどちらも可能ですが、トマトやナスなどの果菜類は166ページのQ10で述べたとおり移植栽培が主流です。

移植できる野菜のなかでも、根の受けるダメージによって強弱があります。キャベツやブロッコリーは移植に強く、ハクサイなどは弱いといわれています。間引いた苗をほかへ植えつけるときは、根を傷めないようていねいに掘り起こして、やさしく植えつけます。ポット育苗をした場合は根鉢を崩さないように注意しましょう。また、株の大きさによっても植え傷みの度合いに差が出ます。一般的に双葉から本葉1～2枚までの幼苗のうちは移植、活着が容易ですが、苗が大きくなるほど移植の成功率は下がります。

Q13 何のために摘芯をするのですか。

A 枝の先端を切って伸びを止めることを摘芯といいます。トマトやキュウリなどの果菜類では、放任しておくと枝葉が茂って収拾がつかなくなり、収穫に支障をきたすことがあります。枝や蔓の摘芯（整枝）が肥培管理の大きな部分を占めます。また、クウシンサイ、アシタバなどの継続収穫をする葉菜類は、主枝を摘芯することで草丈を抑えたり、わき芽（側枝）の成長が促進される効果があります。

Q14 接ぎ木苗を使う長所は何ですか。

A 接ぎ木苗とは、病害に強い野生種などに栽培品種を接いだ苗で、連作障害が出ないことが最大の長所です。接ぎ木苗を使うのは、トマトやナス、キュウリ、スイカなどの果菜類です。キュウリの場合は、低温で成長するカボチャに接ぎ木することで、キュウリの初期生育もよくなり、収量も上がり、台木の品種によっては果皮がぴかぴかのブルームレスキュウリもできます。一般的に、接ぎ木をしていない自根苗に比べて、価格は2～3倍します。

株が成長してくると、接いだ部分より下から台木の芽が伸びてくることがあるので、摘み取ります。［20ページ、Q4や27ページ、Q1も参照してください］

Q15 「風通しをよく」といいますが、具体的にどうすればいいんですか。

A 風通しをよくすると、病気や害虫の被害が軽減されます。そのためには、株自体の余分な葉や枝を切る「整枝」がたいせつになります。たとえば、トマトの場合はわき芽を取った1本仕立てに、ナスやピーマンは3本仕立てに、キュウリは下から5節めまでのわき芽を取るなど、下葉を取ることで風通しはかなりよくなります。また、キュウリなどの地這い性の野菜は、立ち性にして支柱に蔓を這わせることも有効です。葉菜類の場合は、適正な株間をとって蒸れを防ぐことも栽培テクニックの一つです。

庭で野菜作りをする場合は、周囲の庭木の枝を払って日当たりや風通しを確保します。

Q16 晩霜や初霜はどうすればわかるんですか。

A 4月下旬の晩霜と11月下旬の初霜は、野菜作りの節目の一つです。トマトやキュウリを植えたあとで晩霜にあうと、一夜にして枯れてしまいます。晩霜のおそれのなくなった4月下旬~5月上旬からが、果菜類の植えつけ適期となります。

サツマイモやサトイモなどは、11月下旬の初霜までに収穫を終えるのが理想的です。サトイモやサツマイモの葉が枯れるなどの変化がみられれば、霜が降りた証拠。収穫が遅れるとイモが腐り始めます。

霜が降りる時期は、地域ごとにおおよその目安があるので、地元の農家や気象台に聞いてみてください。そして、時期が近くなったら天気予報をこまめにチェックすること。「霜注意報」が出たら、春は植えつけは延期、秋は霜に弱い野菜の収穫を急ぎましょう。

Q17 葉菜は霜にあたると美味、というのはほんとうですか。

A ほんとうです。ホウレンソウやコマツナなどの葉菜を11月下旬以降に畑に植えたままにしておくと、夜間の冷えこみで葉に厚みが出て色が濃くなります。この現象は、葉が耐寒性を高めようとして水分を減少させ、糖分やビタミンを増加させることで起きます。これによって甘くておいしい葉ができるのです。これを「寒締め」といいます。

寒締めによる栄養価の向上は、ミズナやサントウサイなどでも認められています。

Q18 栽培計画をたてるにあたっての注意点は何ですか。

A まず、野菜の基本的な特性を知っておくことです。手順としては、①連作障害を防ぐために畑のローテーションを組みます。畑の休耕年限（何年あければいいか）は野菜によって異なるので、実践編ページの「連作アドバイス」を参考にしてください。②栽培する季節を選びます。野菜によって栽培に適した季節があります。4～5月は冷涼な気候を好むコマツナやホウレンソウ、レタスなどを作るとよいでしょう。5～8月は暑さに強い果菜類やモロヘイヤ、スイスチャードなどの葉菜類が向いています。9～12月は冷涼な気候に適したハクサイ、キャベツ、シュンギクなどの葉菜類やダイコン、小カブなどの根菜類が中心になります。③種まき、または植えつけから収穫までのおおよその栽培期間を考えます。コマツナのように30日程度で収穫できるものから、サトイモのように半年以上かかるものまでさまざまです。
これらをパズルのように組み合わせて計画を練ります。この作業はたいへんですが、一方で心躍る楽しいものでもあるのです。完成した計画表は、翌年以降のプランニングの基礎となりますから、きちんと残しておきましょう。

Q19 栽培記録とはどんなものですか。

A とくに決まった書き方はありませんが、何年も続けた栽培記録は貴重な財産になりますから、つけることをぜひおすすめします。畑での作業や気づいたことなどをメモしておくだけでも、翌年以降の資料になります。
コマツナを例に、栽培記録のサンプルを次ページに掲げました。参考にしてください。

●栽培記録（例：コマツナ）

	2017年春	メモ(当日の作業など)	2017年秋	メモ(当日の作業など)
品種名(種苗会社)				
元肥の量と施肥日	堆肥　kg 苦土石灰　g 化成肥料　g 月　日		堆肥　kg 苦土石灰　g 化成肥料　g 月　日	
種まき日	月　日		月　日	
間引き(1回め)	月　日		月　日	
間引き(2回め)	月　日		月　日	
追肥の量と施肥日	化成肥料　g 月　日		化成肥料　g 月　日	
収穫日と収量	月　日 g		月　日 g	
後片づけ	月　日		月　日	
病害虫の発生と対策	月　日 病害虫名 薬剤名・散布日 など		月　日 病害虫名 薬剤名・散布日 など	

＊メモ欄には、おおまかな天気傾向、作業、次回の課題なども書き込むとよい。

肥料について

Q1 有機質肥料と無機質肥料(化学肥料)の違いを教えてください。

A 野菜の成長に不可欠な肥料は、動植物のものを原料とした有機質肥料と、化学的に作られた無機質肥料（化学肥料）に大きく分けられます。有機質肥料には牛糞、鶏糞、油粕などがあります。土壌改良材として使うことがある堆肥も、有機質肥料の一つです。土に投入してから微生物によって分解されて植物に吸収されるので、効果が現れるまでに時間がかかりますが、長期間にわたってゆっくりと効きます。

無機質肥料（化学肥料）は、窒素、リン酸、カリなどの1成分のみを含んでいる単肥と、2種類以上の成分を化学的に合成させた化成肥料（複合肥料）があります。必要な成分を正確に測って施すことができ、効果の持続期間もコントロールできます。固形、粒状、粉状、液体など形状もいろいろです。

Q2 肥料を元肥と追肥に分けて施すのはなぜですか。

A 野菜が、種まきから収穫まで良好に生育するには、肥料の役割が重要になります。とくに窒素、リン酸、カリの3要素は不足しやすいので、これを肥料として施すことを施肥、または肥料散布といいます。

野菜の生育にかかる肥料の全量を、種まきや植えつけ時に一気に施したほうが、施肥作業の労力の点からみると楽ですね。しかし、野菜の場合、生育初期の養分の吸収量はごく少なく、むしろ生育の中期から後期にかけて多くなるのが実情です。また、はじめに全量を施すと、雨などで流れて有効に利用されないこともあります。したがって、全量を元肥と追肥に分けて施すほうが、施肥のプロセスとしては効率的なのです。

Q3 元肥のやり方を教えてください。

A 畑全体にまんべんなくまく「全面施肥（全層施肥）」と溝を掘って埋める「作条施肥」の2つの方法があります。全面施肥は、キュウリやイチゴのような根張りの浅い野菜に適しています。反対に、根が深く伸びるナスやピーマンのような野菜、生育期間が長いハクサイやキャベツのような野菜は作条施肥が向いています。ただし、ダイコンやニンジンのような直根類は、溝の真上に種まきをすると肥料に当たってまた根になることがあるので、全面施肥にするか、作条施肥の場合は位置をずらして種まきをします。

全面施肥はすべての野菜に利用できるので、どちらか迷ったときは全面施肥が無難です。

Q4 追肥のやり方にはどんなものがありますか。

A 施す野菜の種類、ポリマルチの有無によって変わります。①ダイコンやハクサイなどのように株間が30〜40cm程度ある野菜は、株と株の間にまきます。②生育の度合いにもよりますが、コマツナやホウレンソウなどは、畝の両側または片側にまきます。③トマトやナス、キュウリなどの果菜類でポリマルチを敷いた場合、株が小さいときはマルチの穴にまき、草丈が

1m以上に大きくなったらマルチの裾をはがして畝の両側に施します。

追肥は、伸びていく根の先に置くのが基本です。根の先端に成長点があって、肥料分を探してぐんぐん伸びるからです。

Q5 化成肥料と石灰は同時に使ってはいけないといいますが、どうしてですか。

A 化成肥料と石灰質肥料を同時に散布したり、堆肥と石灰質肥料をいっしょにまいて、そのまま作付けするのは失敗のもとです。石灰質肥料と化成肥料や堆肥の窒素分が化学反応を起こしてアンモニアが発生し、苗が障害を受けたり、だいじな窒素分がガスとして逃げてしまいます。堆肥や化成肥料と石灰は、1週間程度の間隔をあけて施すことが基本と考えてください。

日程の関係でどうしてもそうせざるをえないときは、ていねいによく耕しましょう。同日の種まき、植えつけは厳禁です。

Q6 未熟な堆肥の害とはどんなものですか。

A 未熟な堆肥を施したために起こる失敗には、次のようなものがあります。

①病原菌や害虫が集まり、根をかじるなどの被害を与え、かじられた傷口から病原菌が入り込み、病気にかかりやすくなります。②堆肥が分解する過程でガスが発生し、発芽が悪くなります。③微生物が窒素分を栄養として吸収してしまうので、窒素不足になります。④ダイコンなどの直根類では、また根になることが知られています。

このように、野菜作りにおいては、完熟した堆肥を使うことが重要なのです。堆肥が未熟かどうかは、次のような観点でチェックしてください。①葉やわらの原形が残っている、②においがあって臭い、③握ってみると温かく熱が出ている、④水分が多い、⑤堆肥の中におがくずが入っているもの、などは要注意です。完熟堆肥は、原料の形はすっかりなくなり、乾いて土に近いにおいがします。

病害虫・農薬について

Q1 家庭菜園で注意するべき病害虫は何ですか。

A ある野菜だけがかかる病害虫というものはあまりありません。ほとんどは科全体や仲間の野菜に共通するものが多いのです。症状と対策を知っておくことで、1つの野菜がかかったらそこで食い止めて、ほかへ移さない工夫をすることがたいせつです。主な病害虫の名前と被害、かかりやすい野菜を次ページで一覧にしました。参照ページがあるものは、そこで詳しく解説しているので、ぜひ参考にしてください。

Q2 害虫防除の方法にはどんなものがありますか。

A 薬剤の散布以外に、物理的防除、生物的防除、耕種的防除があります。まず、物理的防除は、寒冷紗やポリマルチなどの資材を利用した防除のことです。無農薬、または減農薬で野菜を作るためには不可欠といってもいいでしょう。寒冷紗をトンネル状にかければ防虫ネットになり、シルバーのストライプ入りのものを選べばアブラムシを近づきにくくすることができます。

次に、生物的防除とは、害虫にたいする天敵の利用、ならびに寄生性の微生物やウイルスなどを微生物農薬として利用することをさします。アブラムシにはナナホシテントウ、アオムシにはアオムシサムライマユコバチといった天敵がいます。カマキリやクモなども害虫退治に一役買ってくれます。また、BT剤をはじめとする微生物農薬も効果的です。

最後の耕種的防除は、昔からの農家の知恵といったところでしょうか。たとえば栽培時期をずらしたり、施肥量を調整して、できるだけ被害を軽くするなどのやり方です。無理な連作をせず、株間、畝間を広くとって風通しを確保したり、雑草や下葉をこまめに取り除くなど、畑の環境づくりによっても被害を軽減することが可能です。

病害虫名	症状・被害	日常の管理でできる対策	かかりやすい野菜	参照ページ
アブラムシ	新芽や葉に群生して汁を吸う	寒冷紗をかける 捕殺する。葉水	野菜全般	P21、45、51、139
ハダニ	葉裏に群生して汁を吸う 葉の色があせる	葉裏に勢いよく水をかけて洗い流す（葉水）	野菜全般	P21、45
コナガ	葉を食害する	寒冷紗をかける 捕殺する	アブラナ科野菜全般	P102
ヨトウムシ （ネキリムシ）	葉を食害する	夜間活動しているところを捕殺する	葉菜類、根菜類全般	P63、102、155
アオムシ	葉を食害する	寒冷紗をかける 捕殺する	アブラナ科野菜全般 とくにキャベツの仲間	P63、102
オオニジュウヤホシテントウ	葉を食害する	捕殺する	ナス科野菜全般	
ハモグリバエ類	葉を白い筋状に食害する	捕殺する	野菜全般	P17
キスジノミハムシ	幼虫は根につき、成虫は葉を食害する	寒冷紗をかける	アブラナ科野菜全般 とくにハクサイの仲間	P69、95
タバコガ	果実を食害する	捕殺する	ピーマンなど	P23
コガネムシ （幼虫はネキリムシ）	さやや果実を食害する	捕殺する	ナス科野菜全般、エダマメなど	P102
キアゲハの幼虫	葉を食害する	寒冷紗をかける 捕殺する	セリ科野菜全般	P67
アワノメイガ	茎や穂を食害する	捕殺する	トウモロコシなど	P53
カメムシ類	さやの汁を吸う	捕殺する	エダマメなど	P43
ネキリムシ	根をかじって株を倒す	捕殺する	幼苗全般	P73、102、155
カブラハバチ	成長点を食害する	捕殺する	アブラナ科野菜全般	P63
うどんこ病	葉が白い粉をまぶしたようになる	水はけ、風通しをよくする	キュウリ、ピーマン、カボチャなど	P28、94
疫病	葉や果実に大きな褐色の病斑が入る	水はけ、風通しをよくする 敷きわらで蒸れを防ぐ	トマトなど	
根こぶ病	昼間葉がしおれ、夕方回復することを繰り返し、引き抜くと根にこぶがある	輪作、CR品種を選ぶ 石灰を多めに施す	アブラナ科野菜全般	P91、95
ウイルス病	トマトは葉が糸のように細くなる。キュウリは葉にモザイク状の病斑が出る	ウイルスを媒介するアブラムシを駆除する	トマト、キュウリなど	P57、77
軟腐病	根元がやわらかく腐り、悪臭を発する	水はけ、風通しをよくする	タマネギ、ハクサイ、セロリなど	P64、139
白さび病	葉に白い粉を吹いたような点ができる	水はけ、風通しをよくする	コマツナ、チンゲンサイ、キョウナなど	P94
べと病	葉に黄色い斑点ができる	水はけ、風通しをよくする	キャベツ、シュンギク、キュウリなど	P131
蔓割病	地ぎわの茎が縦に割れる	接ぎ木苗を使う	ウリ科野菜全般	P28

Q3 コンパニオンプランツは、効果があるんですか。

A コンパニオンプランツとは、混植するとよい影響があるといわれる植物同士のこと。いろいろな組み合わせが知られていますが、じつは科学的には未解明の部分が多いのです。

ただし、マリーゴールドには土壌中のネコブセンチュウを減らす効果のあることが実証されています。経験的に効果がみられるものが多いようですが、無農薬、減農薬栽培をめざすなら、取り組んでみるのもいいと思いますよ。

Q4 農薬の選び方を教えてください。

A 市販の農薬は、その効果はもとより、環境や作物、使う人への安全性が国によって確認されています。使用にあたっては、使用説明書（取扱説明書）をよく読んでください。

チェックするポイントをいくつかあげます。①退治したい病気や害虫を特定します。②被害にあった野菜に散布することができる薬剤かどうかを確認します。たとえば、○○○病に効く農薬Aは、トマトには使えるけれどキュウリには使えず、キュウリの○○○病には農薬Bを使うといったように、安全使用基準が決まっています。③収穫の何日前まで使用できるかという使用時期と、使用回数を確認します。④水和剤（水で薄める）は指定の希釈率で、粒剤は使用量を守って使います。

現在では、デンプンや家庭用洗剤と同じ成分の安全な農薬も出回っています。使用基準にのっとって適切に使えば、農薬はけっして危険なものではありません。

Q5 天然成分由来の農薬があると聞いたのですが、どんなものですか。

A 最近では、ＪＡＳ法（日本農林規格）でも認定されている農薬が、家庭菜園レベルでも利用しやすい分量で市販されるようになりました。アブラムシには還元水あめの成分を使った「あめんこ」（アース製薬）、ハダニには天然物（ヤシ油）由来の有効成分を使った「アーリーセーフ」（住友化学園芸）、うどんこ病には海外で食品や医薬品としても使用されている炭酸水素カリウムでできた「カリグリーン」（住友化学園芸ほか）などが効果的で、天然成分に近く安全です。アオムシやコナガなどのチョウ目（鱗翅目）の幼虫には、生物農薬のＢＴ剤「トアロー水和剤ＣＴ」がよく効きます（ＯＡＴアグリオほか）。

Q6 農薬散布に適した天気や時間帯などがあるんですか。

A まず、風の強い日は避けること。うまく葉に付着しないばかりか、使用者やほかの野菜にかかることもあるので要注意です。つねに風上から風下へ、が基本です。

効果的な散布は、水滴がその日のうちに乾く状態です。天気のよい日の午前中や夕方に散布します。散布後に雨が降ると、成分が流れてしまうので無意味。確実に雨の降りそうな日はやめたほうが無難です。展着剤（葉に付着しやすくする補助薬剤で、薬剤の効果を高める）はかならず混合します。

夏場は、とくに気温の低い朝と夕方に散布します。日中は葉からの水分蒸散が激しく、そこに農薬を散布するとダメージを受けたり、煮詰まった状態になって高濃度になる可能性もあるからです。

葉の表だけでなく裏にもしっかりと散布することもたいせつなんですよ。低農薬で栽培するなら、少量を何回もかけるよりも、必要量をていねいに噴霧したほうが、結果的に回数を減らしてよいものを収穫することができます。

必要な量をていねいに散布する

資材について

Q1 いつも、栽培の途中で支柱が倒れてしまいます。よい方法はありませんか。

A トマトやキュウリは、実がなるとかなりの重さになるので、支柱をしっかり土に差し込むことが重要です。また、台風の襲来に備えてぐらつかないようにします。差し込む深さは30㎝くらいが目安です。土がかたい場合は、パイプを金槌で打ち込んで穴をあけ、そこに支柱を差し込みます。雨のあとは土がやわらかいので支柱が立てやすくなります。

次に支柱の立て方ですが、直立スタイルのほか、上部で交差させる逆V字の合掌スタイルも頑丈でおすすめです。横に支柱をわたしたり、補強用の支柱、杭を立てるのもよいでしょう。

合掌スタイルの支柱

Q2 支柱の太さや長さは何を基準に選べばいいのですか。

A スチール製の支柱では、仮支柱に使う70～80㎝の長さのものから、ナス、ピーマン用の150㎝のもの、トマト、キュウリ用の210～240㎝くらいまで、さまざまな長さと太さのものがあります。長さは、栽培する野菜が成長したときの草丈や作業のしやすさを考慮して選びます。太さは、株を支える必要があるので、太いものを選んだほうが無難です。仮支柱ならば細いものでも十分ですが、重くなるキュウリやトマトは直径16～20㎜程度の太いものを選びましょう。

Q3 スチール製の支柱で、突起のあるものとないものがありますが、違いは何ですか。

A 突起のあるものは、誘引のさいにひもがしっかり固定できるタイプです。竹のように節があるものは、節のところでひもが止まるようになっています。

ちなみに、支柱は土に差し込む方向が決まっているのをご存じですか。両端を比較すると、とがっているほうと丸みを帯びたほうがあります。土に差し込むのはとがったほうです。

Q4 マルチング資材の種類や効用を教えてください。

A 土の表面や株元をわらやポリフィルムで覆うことをマルチ、またはマルチングといいます。材料には、わら、刈り草、ポリフィルムなどがあります。

ポリフィルムには、色や幅、穴の有無によってさまざまなものがそろっています。地温のアップ、土壌水分の保持（乾燥防止）、雨による土の跳ね返りを抑える、雑草が生えるのを防ぐなどの利点があります。

主なマルチ	利点
わら、刈り草	雑草防止、水分保持。使用後は畑に鋤き込むことで土に還る
黒色マルチ	雑草防止、水分保持
透明マルチ	地温上昇、水分保持。冬季に向く
シルバーストライプマルチ	反射光を嫌うアブラムシに効果あり。水分保持

Q5 畑に鋤き込めるポリマルチがあるそうですが、どんなものですか。

A ポリマルチは、軽くて使いやすく、価格も手ごろなので、家庭菜園家からプロの農家まで幅広く使われています。ただし、使用済みのマルチは産業廃棄物（ごみ）になるのが欠点です。

近年では、紙マルチや生分解性のマルチが登場しています。ただし、紙マルチは重くて破れやすかったり、張りにくいため、あまり見かけません。生分解性マルチはデンプン由来のフィルムです。3～6か月後には、光や水、バクテリアの働きによって分解され、畑に鋤き込めば土に還るのが特徴です。価格は通常のポリマルチに比べて3～4倍しますが、環境にやさしい野菜作りとして取り入れるのもいいでしょう。

Q6 防寒資材にはどんなものがありますか。

A 防寒資材を上手に使うことで、霜が降りる時期も収穫を続けることができます。主なものには、ポリマルチ、不織布、寒冷紗、ポリトンネル（穴のあるものとないものがあります）、敷きわらや敷き草（刈り草）などがあります。これらを単独、あるいは組み合わせることで、寒さを防ぐことができます。資材の組み合わせによる防寒度を表にまとめました。

●資材の組み合わせによる防寒度

防寒度 ＊防寒度が大きいものほど暖かい	資材の組み合わせ
大	ポリマルチ＋不織布＋ポリトンネル（穴なし） ポリマルチ＋ポリトンネル（穴なし） ポリトンネル（穴なし）
中	ポリマルチ＋不織布＋ポリトンネル（穴あり） ポリマルチ＋ポリトンネル（穴あり） ポリトンネル（穴あり）
小 （＊年内の霜よけ程度。冬越しは困難）	ポリマルチ＋不織布または寒冷紗のトンネル 不織布または寒冷紗のトンネル 不織布
軽	ポリマルチ 敷きわら、敷き草によるマルチング

コンテナ栽培について

Q1 コンテナ栽培に向く野菜は何ですか。

A 栽培が簡単でおすすめなのは、ホウレンソウやコマツナ、ミズナ、ラディッシュなどの葉ものや小さな野菜です。場所をとらず、栽培期間も短いので、種まきから収穫までが目の前で楽しめます。また、ミツバやパセリ、ワケギなどの香味野菜も、必要なときに必要量を収穫できて便利です。

葉ものは通常のコンテナ（長さ約65㎝の長方形）で十分ですが、コンテナの大きさを選べば、トマトやキュウリなどの果菜類、ダイコンやジャガイモなどの根菜類も作れます。根を深く張る果菜類は、深さが30㎝以上ある大型のものを選んでください。根菜類は大型のコンテナか、麻やビニール製の袋で作ることもできます。ただし、畑で作るような立派なものは難しいので、ミニサイズの品種を選ぶとよいでしょう。

コンテナは土の容量が限られるので、成長に応じて、

または土が締まって減ってきたら、増し土をするとよいでしょう。〔増し土については77ページ、Q11も参照してください〕

Q2 日当たりの悪いベランダで作れる野菜はありますか。

A ありますよ。風通しと日当たりがよいにこしたことはありませんが、半日陰（半日程度の日照があるところ）でも、日陰でも作れる野菜はあります。日本原産の野菜は、ミツバやフキをはじめ、日陰に強い傾向があります。コンテナは持ち運べるのが利点です。季節や時間帯によって移動させるのもよいアイデアです。

日照条件別の野菜作りについては、上の表を参考にしてください。

日照条件	主な野菜
日向を好む	トマト、ナス、ピーマン、キュウリ、インゲン、ミニニンジン　など
日向を好むが、半日陰でもできる	ホウレンソウ、コマツナ、シュンギク、パセリ、リーフレタス　など
日陰でもできる	ミツバ、セリ、フキ、ミョウガ　など

Q3 水やりを忘れて、いつも枯らしてしまいます。

A コンテナ栽培では水やりが重要なポイントとなります。コンテナは土の容量が限られるため、畑とは比べものにならないほど乾燥しやすいのです。

土の表面が乾いたら、コンテナの底から流れ出るくらいにたっぷりと、全体にまんべんなく与えることが基本です。枯らせちゃかわいそうですよ。毎日見守って、まめな水やりを心がけてください。

Q4 古い土は不燃ごみですか、可燃ごみですか。

A 地域によって差があるので、ごみ処理を管轄する自治体の分別基準によります。しかしながら、古土はごみとして捨てるよりも、リサイクルすることを心がけてほしいものです。

野菜を作り終えると、コンテナの内部には根が縦横に伸び、とくに底部では二重、三重に根が巻く状態になります。

古土に有機質肥料を加えると、微生物が細根などを分解して土を再生させます。次のような手順でリサイクルしてください。①古い土の中から根や葉の大きなものを取り除き、広げて乾かします。②米糠や油粕などの窒素分を含んだ有機質肥料を、土の重量の5～10％程度入れてよく混ぜ合わせ、握ると固まるくらいのかたさになるように水を加えます。③ビニール袋などに入れて日向に置き、1～2か月ほどそのままねかせておきます。その間に窒素分を栄養とした微生物が増殖して、土を再生してくれるのです。④再生した土に新しい土を半分くらい入れて、必要な肥料を混ぜ込めばできあがりです。

Q5 コンテナ用の土づくりはどうすればいいですか。

A 市販の野菜用の培養土を使うのが手軽ですが、野菜に合わせてブレンドするのも楽しいものです。野菜ごとに適した土の配合は下の表を見てください。用土は、使用する1か月以上前にはブレンドしてよくなじませておくのがベストです。〔市販の培養土については162ページ、Q12を参照してください〕

●適した土の配合

	赤玉土	腐葉土	堆肥	バーミキュライト	その他
ほとんどの野菜に使える土	4	1	4	1	–
葉菜類	5	2	2	1	–
果菜類	4	4	1	1	–
直根類	5	–	–	3	砂2
イモ類	4	2	3	1	–
種まき、育苗用	5	3	–	2	–

用語解説

【あ行】

雨よけ栽培　あまよけさいばい

雨を当てずに野菜を栽培すること。たとえば、トマトは雨に当たると病気に感染する確率が高くなり、裂果しやすくなる。トンネルパイプ支柱の上部のみをビニールシートで覆うとそれが防げるだけでなく、水分が少ないほうが糖度が高まって収穫時においしい実ができる。夏場のホウレンソウ、メロンなどでも、下部を開けた雨よけ栽培をすると生育がよくなることが知られている。

育苗　いくびょう

苗づくりのこと。野菜栽培には、畑に種をまくじかまきと、苗床やポリポットに種まきし、ある程度育った苗を畑に植え替える移植栽培がある。果菜類や、キャベツ、ハクサイなどの大形の葉菜類では、育苗が多い。

移植　いしょく

播種箱に種まきして、発芽した野菜の苗をポリポットに植え替えたり、ポット育苗した苗を畑に植えること。

一番花　いちばんか

トマトやナスなどの果菜類で最初に咲く花のこと。

一番果　いちばんか

トマトやナスなどの果菜類で最初に実る果実のこと。

植え傷み　うえいたみ

移植、植えつけなどの作業時に根が傷められ、成長が阻害されること。

植えつけ　うえつけ　→定植

畝　うね

野菜の種をまいたり、苗を植えつけるために畑の土を細長く盛り上げたもの。→P164参照

畝立て　うねたて

鍬などで土を盛り上げ、畝をつくること。排水のよい畑では高さ5～10㎝程度の平畝、排水が悪い場合は20～30㎝程度の高畝にする。

畝幅　うねはば

畝の肩から肩までの長さ。

畝間 うねま

畝に作付けした苗（種）と、通路を挟んで隣の畝に作付けした苗（種）までの距離。

F₁品種（一代雑種） えふわんひんしゅ

遺伝的に異なる純系同士を交配させてできた雑種の一代目。両親のよいところを受け継いで、生育旺盛で均一な性質となるが、自家採種した種をまいても、同じ性質のものができる確率は低く、安定した収穫は期待できない。↓P163参照

雄花 おばな

↓雌雄異花植物

親蔓 おやづる

キュウリやエンドウなどの蔓性の植物で、双葉の成長点から伸びるのが親蔓。親蔓から出る側枝を子蔓、子蔓から出る側枝を孫蔓と呼ぶ。

【か行】

塊茎 かいけい

地中の茎の先端が肥大したもので、デンプンを蓄える働きがある。ジャガイモの食用部がそれに当たる。

外葉 がいよう

「そとば」ともいう。レタスなどの結球葉にたいし、外側に広がる葉のこと。

かき取り収穫 かきとりしゅうかく

成長したリーフレタスやタカナなどの外葉を、1枚ずつかき取るように収穫すること。株ごと抜かないので、少量ずつ長く収穫できる。かき菜収穫ともいう。

花茎 かけい

花を咲かせるために伸びる茎。

果菜類 かさいるい

トマトやナス、キュウリなどのように果実を利用する野菜。ナス科、ウリ科、マメ科の野菜がその代表。

化成肥料（複合肥料） かせいひりょう

主に窒素、リン酸、カリの3要素のうちの2種類以上を化学的に合成した肥料。↓P171参照

活着 かっちゃく

植えつけた苗が根づくこと。

果皮　かひ
果実の表皮の部分。

株間　かぶま
野菜がもっとも順調に生育し、かつ単位面積当たりの収量が高まるような間隔のこと。株間は野菜の種類によって異なり、ダイコンは30〜40㎝、ハクサイは40〜45㎝、コマツナなどは3〜5㎝程度が最適な株間となる。

株分け　かぶわけ
アスパラガスやミョウガなどの宿根性野菜で行われる繁殖法の一つ。掘り取った株を、芽のついた地下茎ごと分割し、翌年の苗とする方法。

花房　かぼう
トマトなど、1本の花茎に複数の花がつく場合、それらをまとめて花房という。ほかにイチゴなどがある。

花蕾　からい
花の蕾のこと。ブロッコリーなどでは食用部位となる。

カリ（K）
カリウムのこと。植物に必要な肥料の3要素の一つ。根の発達を促し、耐暑、耐寒、耐病性を増す働きがある。根肥とも呼ばれ、根菜類に重要。

仮植え　かりうえ
定植前に、一時的に苗を植えておくこと。

刈り草　かりくさ
畑の周囲や土手などの雑草を刈り取って乾燥させたもの。わらの代わりに野菜の株元に敷いたり、堆肥の材料などに使用する。刈り草を利用することを敷き草ともいう。

寒起こし　かんおこし
1〜2月の厳寒期に、スコップで土を塊ごと掘り返し、土を寒さにさらすこと。寒さで土中の害虫や病原菌が死滅し、また土の表面が凍結と解凍を繰り返すことで土がほぐれ、土質の改善に効果がある。↓P161参照

寒冷紗　かんれいしゃ
防虫、防寒、防霜、日よけなどの目的で作物にかける細かいメッシュ状の布。白色と黒色がある。

希釈　きしゃく
液体肥料や農薬などの原液を水で薄めること。

草丈 くさたけ
草花や野菜などの植物が成長した高さ。草の高さ。

苦土石灰 くどせっかい
酸性土壌を中和させるための石灰質肥料。光合成に重要な働きをするマグネシウム（苦土）を含む。

茎葉 けいよう
茎や葉のこと。

結球 けっきゅう
葉が重なり合って球状になること。結球は外葉の働きによって起こるので、結球が始まるまでに外葉の大きな株に育てておくことがたいせつ。キャベツやハクサイ、レタスなどを結球野菜という。

欠乏症 けつぼうしょう　→生理障害

嫌光性種子（暗発芽種子） けんこうせいしゅし
発芽にさいして、光がないほうが発芽しやすい性質をもった種子のこと。覆土は種子の直径の3倍量が基本。→P165参照

好光性種子（光発芽種子） こうこうせいしゅし
発芽にさいして、光に当たることによって発芽がよくなる性質の種子。覆土は種が見え隠れする程度に薄くかける。レタス、セロリ、シュンギクなど。→P165参照

交雑 こうざつ
交配ともいう。遺伝子型の異なる植物間から種子を得ること。品種改良などのために意図的に雑種を作ることを「人工交配」と呼ぶ。

耕種的防除 こうしゅてきぼうじょ
害虫防除法の一つ。栽培時期を選ぶ、株間を広くとって風通しをよくする、除草をする、施肥量を調整する、などの栽培技術による防除法。→P174参照

子蔓 こづる　→親蔓

固定品種 こていひんしゅ
その品種の特徴を兼ね備えた個体を集めて採種し、親とほぼ同じ形質をもった品種のこと。自家採種した種をまいても親と同じものができにくいF_1品種とは対照的に、そろいは不均一だが自家採種が可能。→P163参照

根菜類 こんさいるい
イモ類やニンジン、ダイコンなど、肥大した地下部を主に食用とする野菜のこと。

コンパニオンプランツ
近くに植えることで、草花や野菜の病害虫被害の軽減などに効果のある植物の組み合わせのこと。共栄作物。↓P176参照

【さ行】

催芽まき　さいがまき
発芽率を高め、発芽をそろえるために行う操作を「催芽」という。おもに、種を一昼夜浸水させたのち、冷暗所に置いて発芽を促す。高温期のホウレンソウやレタスなどで行うことが多い。↓P164参照

作型　さくがた
収穫をめざす時期に応じて成立している栽培体系のことで、品種の選択、栽培方法の工夫がなされている。たとえば促成栽培、露地栽培、春まき夏どり、冬どりなど、さまざまなタイプがある。

作柄　さくがら
作物や野菜の生育、収穫量の状況。イネでは、平年作を作況指数100で表す。

作条施肥　さくじょうせひ
畝の中央に溝を掘って元肥を施すこと。栽培期間が長く、根を深く伸ばす野菜に用いる。↓P172参照

作付け　さくつけ
畑に野菜を植えること。実際には、いろいろな種類の野菜の配置や、時期などの順番を考えて栽培すること。

砂質（土壌）　さしつ
砂を80％以上含む、粒子が大きくて粗い土。保水性はない。

挿し芽　さしめ
枝、茎、葉の一部を切り取って発芽・発根させる繁殖法の一つ。↓P151参照

酸度調整　さんどちょうせい
土が酸性に傾くと植物の生育に影響を及ぼすので、石灰による中和と堆肥の散布によって土壌の酸度を矯正すること。↓P160参照

自家採種　じかさいしゅ
自分で作った野菜から種を採ること。

じかまき
直接、畑に種をまくこと。

敷きわら　しきわら

稲わらを畑の表面に敷くこと。乾燥から株を守り、雑草を防ぐなどの役割がある。

自根苗　じこんなえ

ナスやキュウリなどの栽培する野菜品種を、接ぎ木をせずに種から育てた苗のこと。

仕立て　したて

野菜作りの場合、おもに整枝法をさすが、メロンやカボチャなどの蔓性の野菜の場合、アーチに誘引する「アーチ仕立て」や、フェンスに誘引する「フェンス仕立て」などの方法もある。枝や蔓の数によって、「○本仕立て」と表現することもある。

下葉　したば

枝や茎のつけ根や根元近くについている葉。

支柱　しちゅう

成長する植物を支えたり、倒状を防ぐために使う棒のこと。野菜の特性や用途に応じていろいろな材質や長さ、太さがある。

↓P178参照

雌雄異花植物　しゅういかしょくぶつ

同じ株に、花粉を作る雄花と実になる雌花が別々に咲く植物のグループ。スイカ、メロン、キュウリ、カボチャなどのウリ科野菜が知られる。

周年栽培　しゅうねんさいばい

個人の農家が、ある作物を1年を通じて連続して栽培すること。あるいは、日本各地で、ある作物を一年じゅう収穫を絶やさず作ること。

収量　しゅうりょう

収穫量のこと。

主枝　しゅし

最初に伸びる中心の枝のこと。トマトでは主枝1本仕立て。ナスでは主枝1本と分枝2本の3本仕立てなどにする。また、主枝にたいしてわきから伸びる枝を側枝という。

受精　じゅせい

雌しべの柱頭に花粉がつくことを受粉と呼び、受粉した花粉から花粉管が伸びて卵細胞と融合することを受精という。

受粉　じゅふん

↓受精

条間　じょうかん
野菜などをベッド（畝）に条まきした場合の条と条の間。コマツナやキョウナなどの漬け菜では、条間20～30㎝が適当。「すじま」ともいう。

人工授粉　じんこうじゅふん
雄しべの花粉を人工的に雌しべにつけること。メロンやスイカ、カボチャなどで行うことが多い。↓P33参照

す
根菜類などの根の内部に空洞ができること。収穫が遅れると発生しやすい。

条まき　すじまき
浅い溝をつくって種を1列にまくこと。葉菜やニンジン、カブなどで用いられる。↓P163参照

整枝　せいし
草姿を整え、収穫を増やすために枝や蔓を切ること。

成長点　せいちょうてん
細胞分裂を盛んに行って新しい葉や茎、根を作り出している部分。茎と根の先端にある。

生物的防除　せいぶつてきぼうじょ
害虫の防除法の一つ。アブラムシにたいするナナホシテントウなどの天敵を利用したり、BT剤などの微生物農薬により害虫を防除すること。↓P174参照

生理障害　せいりしょうがい
病害虫以外の原因による生育障害。土壌養分や肥料の過不足、環境要因によって起こることが多い。

節　せつ
葉が茎に着生する部分のこと。「ふし」ともいう。

石灰　せっかい
酸性土壌の中和に使用される土壌改良材。

節間　せっかん
節と節の間の茎のこと。

全面施肥　ぜんめんせひ
畝あるいは畑の全面に元肥を散布して、ていねいに耕すやり方。ダイコン、ニンジンなどの直根類、コマツナなどの栽培期間の短い野菜に用いられる。↓P172参照

草勢 そうせい
茎葉が成長する勢いのこと。

【た行】

台木 だいぎ
接ぎ木するときに台（根側）に用いられる株のこと。キュウリではカボチャ、ナスではアカナスなどの野生種のナスが用いられる。接いだ部分より上の株を穂木という。

堆肥 たいひ
わらや落ち葉、家畜糞などを積み重ねて発酵・腐熟させたもの。肥料や土壌改良材として使う。

高畝 たかうね
→畝立て

他家受粉 たかじゅふん
自株以外のほかの株の花粉で受粉すること。アブラナ科野菜やトウモロコシなどがその代表。自株の花粉で受粉する場合を自家受粉という。

単為結果 たんいけっか
受粉、受精をせず、種なしで実ができること。単為結果した実は、一般的に大きく成長するのは難しい。キュウリでは単為結果する品種もあるが、ほかのウリ科野菜は雄花の花粉を受粉しないと結実できない。

単肥 たんぴ
肥料の3要素のうち、1つの成分だけで構成された肥料のこと。通常は3要素を配合・混合して使うが、特定の養分を多めに入れるときなどに用いる。

単粒構造 たんりゅうこうぞう
土は大小さまざまな大きさの粒子からできていて、これらの粒子がばらばらになっている状態。粘土質だと水もちがよく、水はけが悪い。砂質だと水はけはよいが、水もちが悪いことになる。→P158参照

団粒構造 だんりゅうこうぞう
単粒構造の粒子が接着して大小の団子状になっている状態。水はけと通気性がよいが、水もちと肥料もちもよく、野菜作りに最適な土。→P158参照

窒素（N） ちっそ
肥料の3要素の一つ。葉肥とも呼ばれ、葉や茎など植物体を大きく育てるのに必須。葉菜類で重要。

着果　ちゃっか
受精して果実が発育を始めること。

中耕　ちゅうこう
畝間や株間の土を浅く耕すこと。表面をやわらかくして雑草を除き、通気性と透水性を改善させる効果がある。

抽台　ちゅうだい　→とう立ち

長日植物　ちょうじつしょくぶつ
日が長くなると開花する性質のある植物のこと。ダイコン、ホウレンソウなど、春から夏にかけて開花する野菜に多い。反対に日が短くなると花が咲くのが短日植物。ダイズ、食用ギクなどがある。

直根類　ちょっこんるい
ダイコンやカブ、ニンジン、ゴボウなど、まっすぐに伸びた根を食用とする野菜のグループ。まっすぐに肥大した根を収穫するためには、種はじかまきのみ。また、土や堆肥の塊に当たったり、間引きなどで根を傷めると、また根になることが多い。

地力　ちりょく
植物を生産する土壌の能力のこと。

追肥　ついひ
野菜の生育状態をみて、株元や畝わきに施す肥料。→P172参照

通気性　つうきせい
空気を通す性質のこと。根や葉はつねに呼吸しているため、通気性のよい環境づくりがたいせつ。

接ぎ木苗　つぎきなえ
育てたい植物の茎（穂木）を、病害虫や低温に強い植物（台木）に接いだ苗のこと。ナス科やウリ科野菜で多く見られる。→P168参照。

土づくり　つちづくり
畑での野菜作りの場合、石灰、堆肥や化成肥料などを施して土と混合し、栽培に適した土をつくること。また、コンテナ栽培などの培養土をつくることをさす。

土寄せ　つちよせ
鍬などを使って、畝の間の土を根元に寄せること。株の倒状防止、雑草の発生を抑制する、畝を高くすることで水はけをよくするなどの効果がある。

蔓ぼけ　つるぼけ

蔓や茎、葉が旺盛に茂って、果実やイモが成長しないこと。おもに窒素肥料の過剰によって起こることが多い。

抵抗性品種　ていこうせいひんしゅ

野菜のある病害にたいし、抵抗力を発揮するように改良された品種のこと。ホウレンソウのべと病、アブラナ科野菜の根こぶ病、萎黄病への抵抗性品種などが知られる。↓P101参照

定植　ていしょく

苗床やビニールポットなどに種をまいて育てた苗を、収穫する畑や場所に植え替えること。

摘果　てきか

メロンやスイカなどの果菜類は、1株当たりの果数が決まっており、余分な果実を小さいうちに摘み取る作業を行う。この作業を摘果といい、果実のそろいがよくなる。

摘芯　てきしん

茎の先端の芽を切り、除去すること。草丈を抑えたり、わき芽を伸ばすなどの効果がある。

適期　てっき

種まき、植えつけ、間引き、収穫などの野菜作りに欠かせない作業を行うのに最適な時期のこと。「てきき」とも。

点まき　てんまき

畝に一定の間隔（たとえばダイコンは30㎝）をあけて数粒ずつ種をまくこと。ダイコン、ハクサイ、トウモロコシなど大形の野菜に用いる。↓P163参照

とう立ち　とうだち

植物が花芽分化して、花茎（花をつける茎）が急速に伸びること。アブラナ科野菜やニンジン、ホウレンソウなどでみられる。ナバナ、コウサイタイなどはとう立ちしたやわらかい花茎を食用とする野菜である。とう立ちが遅い品種を晩抽性品種と呼ぶ。

倒伏　とうふく

茎や葉、蔓が倒れること。折れたり傷んだりすると成長に影響することがあるので、それを防ぐために支柱やひもで押さえることがある。

土壌改良　どじょうかいりょう

栽培に適さない土壌を適した土に改良すること。

トンネル栽培　とんねるさいばい

トンネル用の支柱などを使って、寒冷紗やビニールシートな

どを畝上にかまぼこ形にかけ、その中で野菜を栽培すること。保温、防寒、防虫などの目的で行う。

【な行】

苗床 なえどこ
植えつけ（定植）前の苗を仮に育てる場所。

軟白 なんぱく
土寄せなどで太陽光を当てずに、収穫対象部位（葉や茎）をやわらかく白くすること。長ネギ、セロリやミツバなどの軟白栽培が知られる。

日光消毒 にっこうしょうどく
夏の強い日ざしを利用した土壌の消毒法。高温によって病原菌や害虫の卵が死滅する。↓P162参照

根鉢 ねばち
ポットから苗を外したときに、苗の土に根が回り、土がポット（鉢）状に形作られていること。移植、定植を行うときには、根鉢を崩さずに植えることが植え傷みを軽くするコツ。

根張り ねばり
根が張ること。たとえば、根を浅く広く張る性質のあるキュウリなどを指して、「根張りが浅い」などの言い方をする。

粘土質（土壌） ねんどしつ
土の塊を指でこすり合わせると、ざらざらした感じがなく、粘りけのある土のこと。水もちはよいが、水はけや通気性が悪い。

【は行】

バーミキュライト
ヒル石を1000℃で焼成した、通気性、保肥性に優れた人工用土。

パーライト
真珠岩や黒曜石を1000℃で焼成した、排水性、通気性に優れた人工用土。

胚軸 はいじく
種子の中の双葉、根とともに構成する胚の一部分。または、発芽した双葉と根の間の部分をさすこともある。

培養土 ばいようど
広義には植物を植える土のこと。野菜作りの場合は、必要な養分を混合して水はけと通気性をよくしたコンテナ栽培などに

使用する用土をいう。また、種まき、挿し芽などにも使う。

鉢上げ　はちあげ
鉢に植え替えること。野菜作りの場合は、寒さに弱い宿根性の野菜の冬越しに備えて、畑から株を掘り上げて鉢に植えること。

初霜　はつしも
初冬に初めて降りる霜のこと。野菜栽培の区切りの一つで、東京近郊では11月下旬ごろに初霜を迎えることが多い。サツマイモやサトイモは、初霜前に収穫することが重要である。↓P169参照

花芽分化　はなめぶんか
日照時間や気温の変化などによって、花を咲かせるメカニズムが作動すること。花芽分化が起こると、養分が花や実をつけるために使われるので、葉や根の生育が悪くなる。

ばらまき
畝全体に適当な間隔をあけて種をばらまきにすること。↓P163参照

晩霜　ばんそう
遅霜ともいう。晩春に降りる霜のこと。東京近郊では、4月下旬～5月上旬にかけて晩霜が降りることがあり、野菜の生育に大きな影響がある。果菜類の植えつけは晩霜の心配がなくなってから。↓P169参照

晩抽性　ばんちゅうせい　↓とう立ち

ピートモス
水苔が腐植化したもの。保水性がよい。

肥大　ひだい
トマトやナスなどの実が大きくなったり、ダイコンやカブが太ること。

平畝　ひらうね　↓畝立て

微量要素　びりょうようそ
野菜の生育のためには、土壌中から十数種の元素をとる必要があり、そのなかで比較的多くを必要とする要素を多量要素と呼び、窒素（N）、リン酸（P）、カリ（K）、カルシウム（Ca）、マグネシウム（Mg）、硫黄（S）がある。それにたいして比較的少量で足りるものを微量要素と呼び、おもなものに鉄（Fe）、マンガン（Mn）、ホウ素（B）、銅（Cu）、亜鉛（Zn）、モリブデン（Mo）、ケイ素（Si）などがある。

覆土　ふくど
まいた種の上にかける土のこと。

不織布　ふしょくふ
繊維を織らずに紙のようにからませた布。光や空気、水をよく通すので、寒冷紗とともに利用価値は高い。薄くて軽いので、べた掛けに向く。

双葉　ふたば
種をまいて初めて出てくる葉。子葉ともいう。

物理的防除　ぶつりてきぼうじょ
害虫対策のなかで、寒冷紗やポリマルチなどの栽培資材を利用した防除のこと。寒冷紗のトンネル栽培では、害虫の侵入を防いで、無農薬栽培が可能となる。→P174参照

腐葉土　ふようど
広葉樹の落ち葉が腐熟したもの。通気性、保水性などに優れる。

分げつ　ぶんげつ
根に近い茎の節から枝分かれすること。または枝分かれした茎のこと。キョウナやミブナは盛んに分げつすることで知られる。

pH　ぺーはー
溶液中の水素イオン濃度を表す数値で、酸性、アルカリ性の度合いを示す単位。pH7・0が中性で、数値がこれより大きくなるとアルカリ性、小さくなると酸性を意味する。野菜作りには微酸性が適している。

pH調整　ぺーはーちょうせい　→酸度調整

べた掛け　べたがけ
寒冷期に、不織布を作物の上に直接かけて栽培する方法。保温、防霜などさまざまな効果がある。

ベビーリーフ
おもに葉野菜を、草丈10～15㎝くらいで刈り取って再生させて収穫する若い菜。収穫を繰り返す栽培方法のため栽培期間が短く、作りやすい。ガーデンレタス、スイスチャード、アブラナ科野菜で行われている。

ボカシ肥　ぼかしひ
油粕や骨粉、鶏糞などの有機質に土や腐葉土などを配合して完全に発酵させたもの。元肥に最適。

穂木 ほぎ →台木

保水性 ほすいせい
土中の水分が保たれる性質のこと。

ホットキャップ
スイカやメロンなどの苗を低温期に植えつけるさいに、全体を覆うようにかぶせる保温資材。

ポットまき
じかまきにたいして、ポリポットなどの仮鉢に種をまいて育苗する方法。

ポリマルチ
ポリフィルムでできたマルチング資材。畝の表面を覆って野菜の生育を助ける。→P179参照

本葉 ほんば
子葉（双葉）のあとに出る、その野菜特有の形をもつ葉。

【ま行】

孫蔓 まごづる →親蔓

増し土 ましつち
根菜類のコンテナ栽培などで、生育の途中で土を入れること。→P77参照

また根 またね
ダイコンやニンジンなどの直根類の根がまっすぐに伸びずに分岐すること。

間引き まびき
発芽した苗のうち、生育不良なものや病害虫に侵された株を抜き取ること。野菜ごとに適した株間に整えることで生育がよくなる。

マルチング
土の表面をわらやポリフィルムで覆うこと。保温、乾燥防止などの効果がある。→P179参照

水はけ みずはけ
水をかけたときに土に浸透する度合い。

水もち みずもち →保水性

密植 みっしょく
たがいの葉が触れ合うくらいに間隔をあけずに植えること、

またはその状態。風通しが悪く、病害虫に侵されやすい。

無機質肥料（化学肥料）　むきしつひりょう
鉱物などを原料として、肥料に必要な元素を工場で化学的に作り出したもの。速効性がある。→P171参照

芽かき　めかき
茎や枝を伸ばすために、不要な芽を摘み取ること。

芽出し処理　めだししょり　→催芽まき

雌花　めばな　→雌雄異花植物

元肥　もとごえ
種まきや植えつけに先立って施す肥料。全面施肥と作条施肥がある。

【や行】

誘引　ゆういん
茎や枝を、支柱やネットなどにひもで結びつけること。キュウリやエンドウ、トマトなどで行われる。

有機質肥料　ゆうきしつひりょう
動植物のものを原料とした肥料のこと。油粕、牛糞、骨粉、米糠などがあり、効き目はゆっくり（緩効性）で長く続く。→P171参照

葉菜類　ようさいるい
葉や茎、花を食用とする野菜のこと。キャベツ、ハクサイ、漬け菜類、ネギ、レタスなどがある。

葉鞘　ようしょう
茎の根元が巻いたようなさや状になった部分のこと。長ネギの場合は食用にする白い部分をさす。ほかにイネ科やユリ科の野菜でみられる。

葉柄　ようへい
茎の一部で、葉身と茎をつないでいる柄のようになった部分。サトイモの葉柄はズイキとして利用できるし、フキは葉柄部分を利用する野菜である。

葉脈　ようみゃく
葉に分布する細い筋で、養分や水分の通路となる。双子葉植物では網目状（網状脈）、単子葉植物では平行脈になる。

溶リン　ようりん

リン酸肥料の単肥。果菜類やイチゴなどに用いる。

【ら行】

緑肥植物　りょくひしょくぶつ

地力を回復させる目的で栽培する植物。ある程度育ったら、そのまま土に鋤き込んだり、細かく切って土に混ぜ込んで利用する。

輪作　りんさく

ある野菜の連作障害の発生を抑えるため、障害に侵されないほかの作物を何年間か栽培したのちに、改めてその作物を栽培すること。またはその栽培体系をいう。

リン酸（P）　りんさん

肥料の3要素の一つ。果菜類の開花・結実にかかわるほか、組織を強くして花の色をよくする効果がある。実肥とも呼ばれる。

裂果　れっか

果実が裂けて割れること。根菜類の場合は裂根という。

連作障害　れんさくしょうがい

同じ畑で、同じ野菜や同じ科の野菜を連続して栽培することを連作を呼び、連作を続けると、その野菜特有の伝染性の病害虫や土壌養分の欠乏などによって野菜の成長が阻害されること。輪作などで防ぐ。↓P163参照

露地栽培　ろじさいばい

雨や露が直接当たる畑で作物を栽培すること。

【わ行】

わき芽　わきめ

茎から伸びた葉のつけ根を葉腋と呼び、そこに生じる芽をわき芽と呼ぶ。成長すると側枝になる。

野菜名索引（50音順）

●監修者紹介

藤田　智（ふじた・さとし）

恵泉女学園大学教授

恵泉女学園大学人間社会学部現代社会学科教授。秋田県湯沢市出身。岩手大学農学部、同大学院修了。向中野学園高校教員、恵泉女学園園芸短期大学助教授を経て、現職。専門は園芸学、野菜園芸学。園芸の多面的効用に関する研究を行うかたわら、家庭菜園・市民農園の指導普及活動を積極的に行う。園芸関係の著書等は110冊を超え、「NHK趣味の園芸 やさいの時間」などのメディア出演も多数。軽妙なギャグを交えながら、野菜づくりをわかりやすく解説する。

●編集協力／豊泉多恵子
●デザイン・DTP制作／ニシ工芸(株)
●写真協力／大鶴剛志、大森裕之、片岡正一郎、京谷 寛、坂本浩康、瀧岡健太郎、竹内秀実、中川まりこ、松村明宏、家の光写真部
●本文イラスト／川副美紀
●カバーイラスト／山田博之
●校正／佐藤博子

※本書は2007年2月刊『これで失敗しない　家庭菜園Q&A』（藤田 智 監修、家の光協会）に最新情報を加筆・修正し、新版として発刊したものです。

新版 これで失敗しない
家庭菜園Q＆A

2017年３月１日　　第１版発行

監修者　藤田 智
発行者　髙杉 昇
発行所　一般社団法人 家の光協会
〒162-8448　東京都新宿区市谷船河原町11
電　話　03-3266-9029（販売）
03-3266-9028（編集）
振　替　00150-1-4724
印　刷　日新印刷株式会社
製　本　日新印刷株式会社

乱丁・落丁本はお取り替えいたします。
定価はカバーに表示してあります。

ISBN978-4-259-56534-3 C0061